# 简单的逻辑学

刘洪波 —————— 著

四川文艺出版社

图书在版编目（CIP）数据

简单的逻辑学 / 刘洪波著 . —— 成都：四川文艺出版社，2022.4（2023.3 重印）
ISBN 978-7-5411-6288-6

Ⅰ.①简… Ⅱ.①刘… Ⅲ.①逻辑学—通俗读物 Ⅳ.① B81-49

中国版本图书馆 CIP 数据核字 (2022) 第 032096 号

JIANDAN DE LUOJI XUE

## 简 单 的 逻 辑 学

刘洪波 著

| | |
|---|---|
| 出 品 人 | 谭清洁 |
| 出版统筹 | 众和晨晖 |
| 选题策划 | 苟 敏 |
| 责任编辑 | 路 嵩 彭 炜 |
| 封面设计 | 仙德 WONDERLAND Book design |
| 责任校对 | 文 雯 |
| 版式设计 | 孙 波 |

| | |
|---|---|
| 出版发行 | 四川文艺出版社（成都市锦江区三色路 238 号） |
| 网　　址 | www.scwys.com |
| 电　　话 | 028-86361802（发行部）　028-86361781（编辑部） |
| 邮购地址 | 成都市锦江区三色路 238 号四川文艺出版社邮购部 610023 |
| 印　　刷 | 大厂回族自治县德诚印务有限公司 |
| 成品尺寸 | 145mm×210mm　　开　本　32 开 |
| 印　　张 | 6.75　　字　数　160 千 |
| 版　　次 | 2022 年 4 月第一版　　印　次　2023 年 3 月第三次印刷 |
| 书　　号 | ISBN 978-7-5411-6288-6 |
| 定　　价 | 45.00 元 |

版权所有 · 侵权必究。如有质量问题，请与出版社联系更换。028-86361795

推荐序一

## 懂道理，更要会讲道理

正如本书所言，在人际交往中，我们的确经常会遇到这样一些人，他们口若悬河，"满口道理"却让人"敬而远之"，振振有词却无法让人接受，究其原因，是因为他们没有真正在讲道理。洪波兄认为，"只要你是一个心智健全、有一定文化知识和社会常识的人，自然都'懂道理'，可要做到'讲道理'就有点难度了……往往我们讲的道理，仅仅是'我们认为的道理'即'私理'，而未必是'公众认可的道理'——'公理'"。由此，书中得出结论：对于许多人来说，"懂道理是共知，讲道理是需要"。如果人所讲的道理并不是为公众所认可的"公理"，而是为个人所需的"私理"，这样的"私理"讲得越多，就会越让人觉得"不讲道理"。

本书以"做一个懂道理也讲道理的人"为引，从逻辑学常识的角度，说明对于普通人而言，学会"讲道理"的重要性。当然，前提是你愿意"讲道理"。"讲道理"常常被人们挂在嘴边，却很少有人深究，应该"讲什么样的道理"？怎样"讲道理"？用什么知识去支撑我们"讲道理"？所以，逻辑学知识就被赋予了"讲道理"

的功能，本书正是围绕着这个功能对逻辑基本知识进行了阐释。全书简明扼要地介绍了逻辑基本知识，其中并没有逻辑学者常见的那些深奥的专业理论，语言清楚明了，是一本逻辑学普及读物。

事实上，逻辑学本身并非是某些人眼中的"玄学"，让普罗大众高山仰止、望而却步，它其实是一门非常接地气的工具性学科，而这本书则在一定程度上澄清了这个误区。这本书始终都在说明一个真理：怎样"讲道理"、怎样讲清楚道理，而这正是人们所需要的，也是我们这个社会所需要的。人人懂逻辑，我们的社会就可能成为一个人人都懂道理也讲道理的社会，人们的交流与沟通就会变得舒适和顺畅，也会减少许多不必要的语言与行为的矛盾与冲突，会少许多"对牛弹琴"和"鸡同鸭讲"的无奈。

洪波兄多年深耕于侦查逻辑的理论与实务应用研究领域，对逻辑应用颇有心得，在学术上也屡有斩获。逻辑应用的社会化教育，特别契合当前国家倡导的"强基工程"，这或许是他的大作《基本演绎法》入围2020年度"中国好书"的原因。本书也是从这个起点出发，紧跟社会需要，以普通人群为受众，用浅显的语言介绍了逻辑学的基本原理，《基本演绎法》和本书，都在致力于"逻普"，始终为逻辑领域"扩容"，这就是对逻辑学的贡献。

从本书中，我读到了一种"逻辑的情怀"，一种希望所有人都能够借助逻辑知识来"讲道理"的情怀。洪波兄坚守逻辑工作者的初心，从最基础的理论和方法出发，结合社会和普通人的客观现实，紧紧抓住"讲道理"的一般性需要，去说明我们应该讲什么样的道理，以及怎样讲"好"道理，这既是一个冷僻的思路，又是一个现实需要的"热点"，可谓眼光独到。希望洪波兄在力所能及的情况下，继续进行这方面的工作，以得到更多的认可，这是逻辑工作者的一种自我实现。

本书浅显易懂，体系也完备，说理清楚，张弛有度，介绍的逻辑理论非常基础，特别适合想系统了解逻辑常识的人群阅读，是一本极具可读性的逻辑学普及读物。虽然其中有的说法有待商榷，但并不影响该书的价值。这本书的名字非常有意思，叫"简单的逻辑学"，什么样的逻辑学才算简单？让我们翻开书页，一起寻找答案吧！

浙江大学光华法学院求是特聘教授<br>
中国逻辑学会副会长<br>
博士生导师　教授<br>
熊明辉<br>
2022年2月25日

推荐序二

## 学会讲道理的好教材——《简单的逻辑学》

人们明白逻辑学非常重要，不少人也希望学习逻辑学，以便更好地交际、工作和学习，然而每当他们一接触现有的一些逻辑学著作或教材，就被一些复杂的理论、烦琐的符号公式、不接地气的语句难住了。他们觉得逻辑学太复杂了，太艰深了，太难学了，于是对学习逻辑学产生了畏难情绪，从而抛弃了对逻辑学的学习要求，继而对逻辑学敬而远之。由于人们对逻辑学的敬而远之，交际中出现了不少不讲道理的现象，从而影响了正常的交际；工作中也由于不会分析思考，不会讲道理，从而导致了工作效率不高；在公务员考试中，一些大学生还由于不善思考，出现了作文跑题、面试答非所问的尴尬。这种种现象不得不引起人们的反思，很多人渐渐觉得，为了思维的正确性，为了讲明白道理，还是应该学点逻辑学。洪波先生的《简单的逻辑学》正好满足了人们当前的这种需要。我怀着极大的兴趣，认真拜读了洪波先生的这部大作，不禁十分欣慰，终于有了一部更好的教材，能让人们学习逻辑学，学会讲道理。

## 一、《简单的逻辑学》简约而又丰富

《简单的逻辑学》中的"简"并不是简单,而是简约,即语言简单扼要,其特征是简洁洗练,单纯明快。《简单的逻辑学》将逻辑学的基本概念和有关原理用简约的语言十分清楚明白地表达出来,同时将一些符号也用精要的语言加以说明。读者一看就能弄懂这些概念是什么,基础理论是什么,可谓泾渭分明,通俗易懂。因此,它将大大地降低读者学习逻辑学的难度,并能引发读者学习逻辑学的极大兴趣。同时,《简单的逻辑学》将什么是道理、为什么要讲道理、怎样讲道理的线索与逻辑学的基础知识和原理有机地结合起来,并运用人们交际和工作中的实际案例来说明或者阐述概念与基本理论,使逻辑学的基础知识与"怎样学会讲道理"的实际问题有机地融于一体,让人们在学习逻辑学基础知识的同时又掌握了讲道理的科学方法,这就解决了以往的逻辑学书籍只单纯地介绍逻辑学知识的问题,在很大程度上丰富了逻辑学的内容。显然,《简单的逻辑学》这一新颖的写作方法又丰富了逻辑学的内容体系,可见《简单的逻辑学》语言形式是简约的,但内容又是丰富的。

## 二、《简单的逻辑学》适应广泛,作用重大

由于《简单的逻辑学》通俗易懂,因而其适应范围非常广泛,它将产生的积极影响也必然是重大的。

它既适用于大学生们学习,也适用于高中生们学习;既适合广大教师借鉴,也适合广大干部借鉴;既适合广大工人阅读,也适合广大农民阅读。

《简单的逻辑学》不但能让人们在交际中运用逻辑思维方法讲清楚道理,说服他人,从而极大地减少只讲"私理"不讲"公理"

的现象，提高交际的品位，磨合人际关系，促进社会主义和谐社会建设，而且还能让广大干部提升分析问题、解决问题的能力，进而提高政治思想工作水平，提高其他各项工作的效率，提高执行力，提高群众的信任度，密切干部与群众的关系，促进廉洁、高效、服务型政府的建设。

《简单的逻辑学》不但能使参加公务员和事业单位招考的考生运用逻辑学的科学方法，正确地理解题意，写出符合题意的文章，答出具有充足道理的答案，从而在激烈的竞争中脱颖而出，成为高素质的公务员，而且还能使教师运用逻辑学的科学方法正确地处理教材，让教师运用逻辑学的科学方法做学生的思想政治工作，提高立德树人的能力，培养德智体美劳全面发展的高质量人才。

总之，《简单的逻辑学》出版后，我相信它将成为一部人们感兴趣的、广受欢迎的书籍，它将促进逻辑学的普及，提升人们的思维水平，提升人们说道理的能力，并充分发挥逻辑思维在交际、工作等各方面的作用，为社会主义精神文明建设和社会的发展做出应有的贡献。

广东警官学院逻辑学教授
中国法律逻辑专业委员会原副会长
广东省演讲学会副秘书长
刘汉民
2021 年 10 月 1 日

推荐序三

# 一本优秀的逻辑学普及读物

几位律师朋友在微信群里讨论逻辑学。有人不认为学习逻辑有什么作用,也有人说见过一些法律文书乱七八糟、主次不明、条理不清,让法官经常看不明白,甚至根本就不想看,他不知道怎样才能把法理、情理、事理讲清楚。于是我对他说,可以学习逻辑学,说不定会有效果。他说大家都很忙,很难有时间钻研这些深奥的理论,于是问有没有这样的一本书,既能够精练地讲透逻辑学的理论,又足够生动有趣,读起来不枯燥。我回答说,正好有这么一本书,那就是刘洪波老师即将出版的《简单的逻辑学》,它不啻为一本优秀的逻辑学普及书。

这本书的特点是事例多,而它的优点也是这些事例。要把深奥的逻辑学理论讲明白,需要先把这些知识捋清楚;要让读者理解起来觉得容易和有趣,就需要用生动活泼的事例来帮助理解。前者就是洪波老师所说的"懂道理",后者就是洪波老师所说的"讲道理"。"懂道理"不容易,"讲道理"更难。这本书就是在"懂道理"的基础上"讲道理",能够把逻辑学理论讲得如此引人入胜,足见洪波老师的积累之深厚。希望读者阅读之后，也能够首先"懂道理"然后"讲道理"，变成既"懂道理"又"讲道理"的人。

本书事例的特点在于，在概念和判断部分，事例大都以句子的形式出现；在推理和论证部分，事例大都以段落的形式出现。由于段落的容量大一些，也就构成了一个个的故事。从序言一开始就使用了事例，举了一个新房装修的例子和一个跟随母亲上班乱翻东西的孩子的例子。前者是一个民法相邻权纠纷的事例，在生活中不免遇到，后者则是一个最典型生活纠纷的事例。这就从一开始告诉了读者，学会逻辑可以帮助我们处理这些生活纠纷。这种举例对于抓住读者的心、激发读者的兴趣起到了很好的作用。这样的例子随处可见，比如用宫保鸡丁、麻婆豆腐、重庆火锅、夫妻肺片这些四川和重庆菜肴的麻、辣、香来说明川菜"麻辣"的本质特征；用穿警服来说明警察的非本质特征；用师徒二人往装满石头的碗里放沙子、放尘土、倒水，来说明辩证思维的特征。

本书事例的特点还在于，涉及面非常广阔。有生活事例、侦查事例、审判事例，还有科学事例、哲学事例。"嫌疑人右手虎口处有一条约两厘米的月牙形伤疤；章某右手虎口处有一条约两厘米的月牙形伤疤；所以，章某是嫌疑人。"这是一个典型的侦查思维的事例，警察经常运用这种逻辑来确定嫌疑人。从"地球的运行轨道是椭圆形的；火星的运行轨道是椭圆形的；土星的运行轨道是椭圆形的；冥王星的运行轨道是椭圆形的"这些现象出发，得出"所以，太阳系大行星的运行轨道都是椭圆形的"这样的科学结论，这是科学思维。从"于某突然死亡，既无外伤，也无中毒情况，也非突发疾病致死，第三次尸检发现其后颈与头部之间有针尖大小的凝血块，去掉血块后看见一细小针孔"的发现，得出"作案者应该有医学背景，医务工作者作案的可能性较大"这样的鉴定意见，这是法医思维。"看她面若桃李，岂会无人勾引；年正青春，怎会冷若冰霜；与奸夫情投意合，必生比翼双飞之意；其父阻拦，因而杀其父、夺其财，此乃人之常情；此案不用问，也已明白了。"用昆剧《十五贯》中县官过于执的判词来说明充足理由律，这是审判思维。用一个王国跟波斯作战，会消灭一个强大的外国，王国以为被消灭的王国是波斯，而祭司则根据战争的结果，可以随便指称王国或波斯的故事来说明排中律，这是历史故事。用老先生把两个女人贬损为"一千只鸭子"，结果导致学生把他夫人称为"五百只鸭子"来说明虚假论题，这是生活笑话。用《韩非子》"自相矛盾"的寓言故事来说明矛盾律。这本书还使用了许多著名的哲学命题，诸如"说谎者悖论""半费之讼""上帝不存在""白马非马"等等。哲学命题扩展了逻辑学的范围，能够激发读者进行更广阔的思考，涉猎了"先有鸡还是先有蛋""母亲和妻子掉进河里先救谁"这样的哲学难题。洪波老师提出："面对这样的问题，正确的思维并不是去寻找正确的答案，而应该结合提出问题的对象，去思考并给出对方或满意，或认为合理，或无法继续争辩的答案，这个思考过程就是正确的思维。"这就从所有的事例回归到这本书的主题：正确的思维。

本书事例的特点还在于，有正确事例也有错误事例。举出正确事例是为了让读者从正面理解并掌握真正的逻辑学知识，故意举出错误事例则是为了让读者从反面理解，避免形成错误的逻辑学知识。在中项不周延中，就列举了受害人看到一个男青年与抢劫犯外形相似便固执地认定为同一人的错误例子。在二难推理中，就列举了晚上背对月亮无法看清楚对方的脸庞从而推翻了庄某证人证词的正确例子。

本书在论证部分所举的事例，其实已经超越了普通逻辑学的范围，而进入智慧的境界了，这就不能不让人赞赏。当林肯擦皮鞋时，记者惊讶地问林肯："总统先生，您怎么亲自给自己刷鞋？"林肯不经意地反问道："请问记者先生，你平常亲自给谁刷鞋？"这样巧妙地转换论题造成了风趣的效果。当萧伯纳应邀参加音乐会昏昏欲睡时，贵妇人大惊小怪地说："这些都是现在最流行的音乐呀。"萧伯纳笑道："那么按照您的说法，夫人，流行性感冒也一定是好的东西啰。"这个故事除了可笑以外，还有点哲学味道。这两个故事表面上都是笑话，其实都反映了人物的智慧。当孔四拒不承认盗窃七十斤烟叶时，民警故意说乡政府发放八十斤粮食，孔四欣喜，于是轻松地背起麻袋，结果当场被民警揭穿其虚伪证言。这已不再是普通的侦查逻辑，而是已经从逻辑学知识中产生了侦查智慧。写作内容的这种潜移默化的转换，说明洪波老师对逻辑学理论的运用已经达到了新的高度。如果我们每一个人都能将逻辑学知识出神入化地运用到自己的生活和工作中去，那将是一种多么令人神往的境界！

由于这本书在事例方面的这些优点，使我感觉到逻辑学的丰富和有趣。我愿意把它推荐给那些希望提高思维能力和论辩能力的人们，相信他们能够在轻松愉快的阅读中感受到逻辑的魅力。

中国逻辑学会法律逻辑专业委员会常务理事<br>
山西省律师协会知识产权法专业委员会副主任<br>
山西淳阳律师事务所律师<br>
郝增明

序　言

## 做一个懂道理也讲道理的人
### ——为什么要写这本书

每个人都希望在与他人交流时，遇到的都是懂道理也讲道理的人，但往往不去反躬自省，自己是否既懂道理也讲道理。其实，许多人还是懂道理的，但同时也讲道理的人就少了许多。不是这些人故意不讲道理，而是在大多数情况下，他们为了达到自己的某种目的，比如辩胜、说服、证明等等，自觉或不自觉地回避了讲道理，这种现象在人与人的交流中并不鲜见。

"不讲道理"并不是一种应该出现的常态，而是人们在交流中很容易忽视"讲道理"。比如：

某新小区落成，李某按照物业公司的通知，按时接收了自己购买的房子并迅速完成装修，然后一家人高高兴兴地搬进了新居。但好景不长，正当李某一家喜滋滋地享受着新居带来的舒适与惬意的时候，楼上楼下开始装修房子了，不仅施工过程中尘土飞扬让李某不敢开窗，而且整天叮叮咚咚的声音吵得李某一家睡不安寝。于是李某向物业投诉，要求楼上楼下关门关窗施工，而且要控制施工时间，不得影响自己的正常起居。按理说，李某的要求并不过分，装修工程的确不应该对他人造成干扰。可楼上楼下的业主却认为，自己也需要尽快搬入新房，而且前期改造是按天计算费用，如果限制施工时间，必然会增加装修成本，因此不同意李某的要求。按照购房合同，业主自收房之日起，按约定应缴纳一半物业管理费，入住后即全额缴纳物业管理费，所以物业公司也希望业主能尽快入住，一是可以增加小区的人气，二是能够增加物业管理收入。因此，物业在与李某沟通时，希望李某尽量克服，不要斤斤计较，劝说道："今后大家都是邻居，不要把关系搞僵。"李某考虑了一下，觉得物业公司的说法也有道理，如果这个时候坚持己见，今后邻里间可能不太好相处，但如果不闻不问，自己一家这几个月又确实不胜其扰，一时间陷入两难境地。

在此例中，李某的要求当然是合理的，无论楼上楼下业主出于何种目的，都不能以损害他人利益为前提，李某懂得这个道理，其要求也是讲道理的。楼上楼下业主与物业公司难道不懂这个道理吗？显然不是，如果他们处于李某的立场，大概率也会提出与李某类似的要求。但是，他们就没有一点道理？其实客观地说，其理由也是成立的，只不过他们讲的道理更多的是"私理"而不是"公理"，好的邻里关系不是靠李某一方的妥协建立起来的，而是需要大家的共同让步来维系。于是，在我们的思维中，一定要明白，我们讲的"道理"是不是可以为他人所认同。

在日常的思维和与他人沟通的时候，我们一定要做一个既懂道理又讲道理的人，只有这样，才不会让人觉得总是在"强词夺理"

而无法交流，才有人愿意与我们讨论问题。那么，怎样去做一个既懂道理又讲道理的人呢？这就要求我们学一点逻辑，以保证用正确的思维和准确的语言去表达。

我们再来看看这样一个例子：

> 有个母亲经常带孩子到办公室，孩子很小不懂事，一会儿哭闹，一会儿乱翻别人办公桌上的东西，搞得办公室鸡犬不宁，同事多有抱怨，领导接到反映便找母亲谈话。母亲很不高兴，觉得这些同事是在小题大作，她认为孩子小、不懂事，哭哭闹闹很正常，偶尔翻翻桌子上的东西，又没有弄坏，过后收拾一下又用不了多少时间；而且小孩子活泼一点是好事，不可能要求他规规矩矩在凳子上坐一天，不准干这个、不准干那个是在扼杀孩子的天性，同事告状就是故意跟自己和小孩子过不去。领导指出，带孩子上班是不对的行为，会影响自己和别人的工作。母亲却认为自己并没有因为带小孩来上班而耽误工作，该完成的都完成了，至于影响到别人，那是因为他们定力不够、能力不足，和小孩没关系。

你可能觉得这个母亲有点无理取闹，但深入分析一下，其实也不尽然，只不过是各自的立场不同罢了。母亲为什么一定要带孩子来上班呢？我们在此不去追究相关原因，姑且认为母亲带小孩上班也是不得已而为之。但是，小孩在办公室嬉戏打闹，毫无疑问会影响工作，这道理谁都懂，这个母亲也不例外，只是因为发生在自己身上，便不自觉地屏蔽了"会干扰他人"这个事实。母亲的辩解是不具备说服力的，并不能得出"不会影响他人工作"的结论，更不能由此断定别人"定力不够、能力不足"，所以，我们认为这个母亲"不讲道理",可这个母亲却一定认为自己非常讲道理。我们经常说要"换位思考",那么,当我们换到这个母亲的位置上时,是不是也如此认为呢?

现在的父母对孩子的呵护是无微不至的,把孩子看得比什么都重要,这本身没什么问题,于是,单位领导就会常常面临这样的情况——某职工上班迟到了,理由很简单:送小孩上学;某职工早退了,理由同样很简单:要接小孩放学;每周都要请半天假,理由还是这么简单:孩子的学校要开家长会。这些是迟到、早退和请假的必然理由吗?父母们会毫不迟疑地回答:当然是!而任何单位的领导都会说:当然不是!那么到底是不是呢?不能因私事影响工作,这是社会的共识,这是每个人都懂的道理,不过落到具体的个人身上,讲不讲这个道理就得两说了。

说到这里,大家可能明白了:懂道理是共知,讲道理是需要。对,这就是当下大多数人的认识,但它显然不能放到台面上来说,因为没有人敢认为这是公理,却都在潜意识中支配着各自的言行。正因如此,很多人在交流中会给人"不讲道理"的感觉,这当然不是一种正常的现象。所以,我们应该争取做一个既懂道理也讲道理的人。

"懂道理"好理解,只要你是一个心智健全、有一定文化知识和社会常识的人,自然都"懂道理",可要做到"讲道理"就有点难度了。要做到"讲道理",关键是需要随时提醒自己,往往我们讲的道理,仅仅是"我们认为的道理"即"私理",而未必是"公众认可的道理"——"公理",或者换句话说,是"事实道理"而非"理性道理"。

如前例,母亲上班带孩子到办公室是迫不得已,孩子在办公室打闹嬉戏是小孩的天性,这些都是母亲的"私理",但这也是客观事实，因此就形成了"事实道理"；但从公众认知来说，不应该带孩子来上班，要阻止孩子在办公室打闹嬉戏，这是"公理"，是"理性道理"。一般来说，"私理"应该服从"公理"，这样才能被他人所接受，才能成为他人眼中讲道理的人。同样，因为孩子的原因而迟到、早退、请假等等，也都只是"私理"，不是"公理"，不是"理性的道理"。

怎样才能既懂道理也讲道理，如何避免以"私理"代替"公理"，从而成为一个讲道理的人呢？这就需要我们能够进行正确的思维，并对客观事物有一定的认知，而逻辑学正是一门教你如何进行正确思维的学科，学一点逻辑，你或许能够成为既懂道理又讲道理的人。

这就是作者写这本书的目的！

# 目 录

## 第一章 什么是逻辑思维 　001

- 002　关于思维
- 007　思维的基本类型
- 014　逻辑是什么
- 017　逻辑简史
- 019　逻辑分类
- 021　怎样进行正确的思维

## 第二章 形式逻辑 　025

- 026　概念
- 064　判断
- 088　演绎推理
- 122　非演绎推理

## 137 第三章
## 逻辑思维的基本规律

- 138 同一律
- 142 矛盾律
- 145 排中律
- 148 充足理由律

## 153 第四章
## 证明与反驳

- 154 论证
- 159 证明
- 164 反驳
- 169 归谬法

173 / **第五章
怎样去讲道理**

179 / **第六章
在论辩中要学会借用逻辑的力量**

Part 1

# 第一章　什么是逻辑思维

什么是逻辑思维？这要从这个词语的构成进行分析，即"逻辑"和"思维"。"逻辑"是一个外来语，音译自希腊文的λόγοε（逻各斯），原意是指思想、言辞、理性、规律等，古西方学者用"逻辑"来指称研究推理论证的学问，[1] 现在的"逻辑"一般是指人们通过概念、判断、推理等抽象思维方法来认识客观对象的一门学问。"思维"则是大脑对客观对象的认识过程，或者说是对客观对象的一种反映。通常人们会把"逻辑"和"思维"联系在一起，就形成了"逻辑思维"这个词语，其实这是在要求我们在认识客观对象的时候，我们的思维必须是符合逻辑的，要满足逻辑的要求，而不能毫无根据、胡思乱想。也就是说，我们在思维的过程中，要遵循形成概念、构成判断，并通过推理来认识客观对象本质的这样一个规则，如果不遵循这个规则，思维就是没有根据的、混乱的，就不能获得可靠的结论。

# 关于思维

对于思维，哲学定义为：思维是人的大脑对于客观对象间接的、概括的反映。其实，这不过是对"思维"的名词意义的解释，但显然，在很多时候，我们在特定的语境中是把"思维"当成动词来用的。那么，作为动词的"思维"又是什么呢？在动词意义上，"思维"就等同于"思考""考虑""思索""思""想"等，简单地说，就是"想问题"。

好，既然思维是"想问题"，那么思维的构成是不是就可以分

---

[1] 普通逻辑 [M]．上海：上海人民出版社，1986.

为"想"和"问题"两个部分呢？一般来说应该是这样的，但还不够全面，因为思维不能凭空而存在，我们需要把所想的"问题"和"想"的过程以及结论表达出来，因此，就需要借助于"语言"。思维和语言有着不可分割的联系，思维对客观对象的反映是借助语言来实现的，思维活动的实现和思维成果的应用都离不开语言。[1]正如马克思所说：语言是思想的直接实现。[2]

既然思维是"想问题"，首先就得有"问题"，没有"问题"，思维就是无源之水。那么，思维的"问题"是什么呢？思维的"问题"当然就是思维的对象，可以说任何事物都可以作为思维的对象（也称"思维内容"），因此，思维对象就是"万事万物"。"想"是什么？"想"是一个过程，是思维的结构，我们通过"想"，将思维对象的各种属性进行归纳、串联、分析、综合、提炼等等，从而获得某种结论，以达到认识思维对象的目的，这个过程需要以某种形式和结构来表达，这就是思维的结构。用来表达思维的当然就被称为"思维语言"了，思维语言并不仅仅局限于口头语言和书面语言，它还包括了行为语言和表情语言等等。

出租车司机小张这两天特别郁闷，因为不小心开车撞死了一条小狗，小狗的主人林小姐要求小张赔四千元，双方协商不成，林小姐找到了交警王警官。王警官调看了路上的监控视频，认定是小张的全责，支持了林小姐的请求，小张没办法，只好向姐姐借钱准备赔偿。小张的姐姐总感觉小张有点冤枉，便求教于学校的同事李老师。李老师在法律方面懂得很多，为

---

[1] 普通逻辑[M].上海：上海人民出版社，1986.
[2] 马克思恩格斯全集（第三卷）[M].北京：人民出版社，1960.

人也很热心,常常帮熟人朋友看看诉状、写写答辩状什么的,是学校有名的"能人"。李老师了解了案情后,答应陪小张姐弟俩到交警队处理此事。

到交警队见到林小姐和王警官后,李老师听完林小姐的陈述,对王警官说:"王警官,案情我们已经了解了,从监控来看显然是小张的全责。但我想请林小姐证明一下,被撞死的小狗的确是林小姐的私有财产,也就是说,请林小姐证明她就是小狗的主人。总不能随便来个什么人空口白话说小狗是自己的,小张就要赔钱给他吧?"林小姐一听就急了:"你是说我讹诈吗?我的狗可是办了证的。"李老师笑了笑说:"林小姐别急,我并没有说你讹诈,只是在就事论事。"王警官道:"我了解过了,林小姐的狗确实是办了证的。"李老师点了点头:"好,那么林小姐你确定你就是这条狗的主人?"林小姐气呼呼地说:"我当然确定。"李老师看着林小姐道:"你确定它是你的私有财产,价值四千元?""我确定,它当然是我的私有财产,损坏他人财产必须照价赔偿。"林小姐高声道,"虽然买的时候不到三千元,但我都养了两年多了,养狗不花钱吗?赔四千元可不是乱开口。"李老师看了一脸愤然的林小姐一眼,笑着对王警官道:"王警官,我想问一下,你们交警对碰瓷应该怎样处理?"听到李老师的话,王警官心中"咯噔"了一下,忙对林小姐道:"林小姐,人家小张已经诚恳道歉了,要不算了吧,就不要纠缠赔不赔的问题了。"林小姐见王警官的态度陡然转变,立即就蒙了:"凭什么呀?损坏他人财产可以不赔吗?"王警官没有回答林小姐的质疑,而是起身对李老师和小张姐弟俩道:"抱歉,是我处理不当,麻烦你们跑一趟,回头我向林小姐解释,你们可以回去了,非常抱歉。"

离开交警队，小张姐弟一脸茫然。李老师对姐弟俩分析道："对林小姐来说，这个案件她需要解释清楚三件事。第一，小狗的确是她的，那么光凭饲养证上的照片可不行，还得看证上有没有血型等可以和被撞死的小狗相互印证的内容，当然也许人证也可以，这需要时间来调查；第二，如果证明了林小姐的确是小狗的主人，那么还需要明确小狗是否为她的财产，并确定其经济价值；第三，如果以上两条都得到了确定，关键的问题就出现了，这个问题很要命，林小姐还必须说明，她为什么会把有一定经济价值的私有财产放到马路中间？如果把有一定经济价值的私有财产放到马路中间等车来撞，并趁机索要赔偿，算不算碰瓷？"小张姐弟俩顿时恍然大悟，这才明白王警官为什么会道歉并同意他们不进行任何赔偿就可以离开。

在这个小案例中，"小狗被撞死要不要赔偿"就是思维的"问题"，李老师的问话和陈述就是表达思维的语言，而由"要不要赔偿"的问题的提出，到"算不算碰瓷"的新问题（结论）产生的过程就是思维的过程，由最初"要不要赔偿"的问题，到获得可能"属于碰瓷"的结论，这一思维过程可以用若干推理形式联结起来，这种联结方式就称为思维的结构，这个思维结构可以通过逻辑形式来进行反映，以语言形式来表达：首先，至少涉及这样一些概念——小狗、小狗的主人、私有财产、经济价值、赔偿、碰瓷等等；其次，至少构建了如下判断——林小姐是小狗的主人、小狗是林小姐的私有财产、小狗有一定的经济价值、林小姐把私有财产放到了马路中间、林小姐索要赔偿、林小姐涉嫌碰瓷等等；第三，"林小姐涉嫌碰瓷"是最终的结论，这个结论是通过推理得出的——如果把个人的私有财产放到马路中间等车来撞，同时趁机索要赔偿，那么就涉嫌碰瓷；林小姐把个人的私有财产放到马路中间等车来撞，同时趁机索要赔偿；所以，林小姐涉嫌碰瓷。也可以用这样的推理来表述——把个人的私有财产放到马路中间等车来撞，同时趁机索要赔偿的行为是碰瓷行为；林小姐的行为是把个人的私有财产放到马路中间等车来撞，同时趁机索要赔偿的行为；所以，林小姐的行为是碰瓷行为。

概念、判断、推理是三种思维形式，是形式逻辑研究的主要对象，人们总是通过形成概念、做出判断，并在此基础上进行科学推理，来达到认识客观对象的目的，反映思维形式构成的形态就是思维的结构。

任何思维都是由"问题——思维对象、想——思维形式与结构、表达——思维语言"这三个部分组成。逻辑学是关于思维的学科，但它并不去研究思维的所有方面，思维对象是相关学科的研究内容，比如：日月星辰的变化规律是天文学的研究对象；山河湖海的变迁是地理学的研究对象；等等。思维语言是心理学的研究对象，心理学家通常可以通过人的口头语言、书面语言、行为语言和表情语言去分析、推演，以了解他人的思维（心理）活动，而逻辑则侧重研究思维的形式与结构，通过研究思维的形式结构来规范思维活动，以求获得可靠的、合理的思维结论，当然，其中并不能完全避免对思维对象和思维语言的触及。

## 思维的基本类型

喜欢读书的人，经常会在网络和书籍中看到各种各样关于"思维"的概念，比如：抽象思维、辩证思维、创造性思维、逆向思维、批判性思维、灵感思维、逻辑思维、形象思维、发散思维、系统思维等等，但从相关论述来看，这些"思维"之间的界限并不清晰，根据逻辑理论中"概念间的关系"分析，上述"思维"之间的关系并不是"全异"的，大多具有"交叉关系"，有的具有"属种关系"，而使用或论述这些概念的人，往往并不进行概念的归类，于是很容易混淆这些概念之间的关系，造成应用的模糊和失准。

那么，思维到底有哪些类型，从分类来说又有哪些种类呢？从传统的角度，一般认为思维有形象思维、抽象思维和辩证思维三种类型，当然，这并不是唯一的分类，也有人把思维分为形象思维、抽象思维和灵感思维等等。不过我们从思维对客观对象认识的程度来分析，把思维分为形象思维、抽象思维和辩证思维三种类型似乎更为恰当。

### 形象思维

形象思维又称为想象思维，属于感性思维。在认识过程中，根据客观对象外在形象传递的信息，在感受、储存的基础上，结合主观的认识和情感进行识别、判断，并用一定的手段和工具，比如语言、绘画、色彩、声音、节奏、旋律等，进行简单描述的基本的思维形式就叫形象思维。它只按照直观的形象去认识客观对象，其结论是通过对客观对象表象进行取舍而形成的。形象思维往往通过客观对象的个别特征，去认识该客观对象，这个认识过程始终伴随着形象,通过对象的外在形态来构成思维,因此,形象思维始终伴随着想象与联想。

  初夏到野外踏青,看到山花烂漫、溪流潺潺、蜂蝶飞舞、清风送爽等等,我们会形成"风景这边独好"的认知。
  我们到四川、重庆旅游,当然免不了要品尝当地的小吃,比如宫保鸡丁、麻婆豆腐、重庆火锅、夫妻肺片等等,于是会发现,四川和重庆的菜肴很麻、很辣、很香,于是切身感受到了川菜"麻辣"的特色,形成了川菜"麻辣"的认知。

  把视觉、听觉、触觉、味觉获得的信息,在头脑中进行简单的综合并形成对客观对象的认知,这个过程就是形象思维。
  形象思维有形象性、非逻辑性、粗略性和想象性等主要特征。(1)形象性:形象性是形象思维最基本的特点。形象思维所反映的是客观对象的外在形态,通过触觉、意象、感觉、想象等方式,利用图形、颜色、语言、声音、旋律等直接描述出对客观对象的认知,具有生动性、直观性和整体性的优点。(2)非逻辑性:形象思维对信息的加工是通过调用许多外在形态材料,直接混合在一起形成新的形象,或由一个形象跳跃到另一个形象。形象思维对信息的加工过程不是体系性的,它可以使思维迅速从个别特征去认识对象整体。也正因为形象思维不同于抽象(逻辑)思维,对客观对象缺乏体系性认识,不深入追究若干外在信息之间的有机联系,所以其准确性不高,因此,形象思维是或然性思维,思维的结果有待于逻辑的证明或实践的检验。(3)粗略性:形象思维对客观对象的认识是粗线条的反映,基本不涉及对象的本质。一般来说,形象思维仅仅是对对象特有属性的认知,并根据特有属性去认识对象、形成概念，而没有更深入地去认识对象的本质属性，所以，形成的关于客观对象的概念是初步的、粗略的。（4）想象性：想象是思维根据客观对象外在的形态，形成一个新的形象的过程。形象思维一般并不满足于对已有形象的简单再现，它更致力于追求对已有形象的加工、整合，而获得关于客观对象新的形象，从这个意义上来说，形象思维是具有创造性的思维，所以，富有想象力的人大多都具有创造性和开拓性。

许多人认为形象思维只认识客观对象的特有属性，而非本质属性，因此，是一种低级思维，在人的认知体系中意义不大，而抽象思维和辩证思维这类中高级思维才是有用的思维。这实际上是对形象思维的误解。我们都知道，人对客观对象的认识总是由浅入深、由表及里的，形象思维是初级思维不假，但同时它也是基本思维，没有对客观对象特有属性的认识，就无法触及其本质属性，不"由表"就无法"及里"；同时，在某些领域，形象思维的作用是远远大于抽象思维和辩证思维的，比如艺术中的绘画创作、歌曲创作甚至文学创作等等，都需要创作者具有很强的形象思维能力。想象是形象思维的核心，因此，在发明创造、科学创新中，形象思维有举足轻重的作用。

## 抽象思维

抽象思维又叫逻辑思维，属于理性认识。我们以抽象、综合、分析等方法，对在认识客观对象过程中所获得的材料进行加工整理，通过相关信息的深入研究和有机联系，认识客观对象的本质属性，并通过这些本质属性形成关于该对象的概念，从而达到认识对象的目的，这个认识过程就叫抽象思维。与形象思维不同，它并不仅仅依靠感觉、感知等形成对象外在形象的概念，而是凭借科学的分析、综合、比较等对客观对象的本质属性进行反映，从而获得关于客观对象的内在本质的反映。

抽象思维具有明显的间接性和概括性，是在分析客观对象时以对象最本质的特性而形成概念，并运用概念进行判断、推理的思维活动。

> 当我们在认识"人"这个客观对象时，知道人是高等动物，但为什么人与其他动物不同呢？于是就需要对"人"进行深入的了解，通过视觉反映，看到人有四肢、躯干、头颅，并且直立行走，但这仅仅是"人"的外在形态，并不能决定人之所以成为"人"，这些特点并不具有规定性。通过对"人"和其他动物的深入研究，揭示出"人是具有抽象思维能力，并能制造和使用劳动工具"这个本质内涵，才获得人之所以成为"人"的本质。这个探究"人"的本质内涵的思维过程就是抽象思维。
>
> 我们看到一个人身着警服，于是认为他是警察。但是，身着警服就是警察吗？当然不是，身着警服同样并不具有规定性，不是人成为警察的本质属性。只有国家赋予"执法"职能，并从事警务工作的人才是警察。"国家赋予执法职能，并从事警务工作"，这是警察的本质，是对"警察"这个职业深入了解分析获得的逻辑内涵，揭示这个本质内涵的思维过程就是抽象思维。

一般来说，人的现实思维是形象思维与抽象思维相互交织而成的，没有经过思维理论学习和训练的人，在认识客观对象和表达思想的过程中，往往会把这两种不同的思维混杂在一起，导致思维不够清晰，表达不够准确。

形象思维是通过社会教化而养成的一种思维，由于它几乎从出生开始就伴随人的一生，于是就形成了习惯，是一种习惯思维，也称惯性思维；抽象思维是形式逻辑的主要研究对象，作为一种深刻的理性思维，抽象思维往往需要教育教化才得以形成，也就是说，它是人们通过对各种文化、科学知识的学习和积累而逐步养成的一种思维模式。因此，在我们的思维构成中，形象思维是大于抽象思维的，那么在实际思维中，我们要特别注意，不要让习惯思维不经意间替代抽象思维，这是我们"讲道理"的基础。

> 张三和李四要去参加某个会议，张三刚走进会场，就有人说：张三总算来了。那么李四呢？按照习惯思维的联想性，似乎应该是"李四早已到了"；如果说的是：总算张三来了，那言下之意是"李四没有来"或者"李四不来了"。相较之下，抽象思维却没有这么纠结，不管是说"张三总算来了"还是"总算张三来了"都只断定了张三的状态，都只表达了一个意思——张三来了；而与李四来不来，或者是否已经来了完全没有关系。这就是习惯思维与理性思维的差别。

本书的叙述将主要围绕抽象思维，即形式逻辑展开，简单介绍抽象思维的基本形式结构，着重分析概念、判断和推理的基础理论和方法应用。

## 辩证思维

辩证思维是反映客观对象发展、变化规律性的思维。辩证思维是唯物辩证法在思维中的运用,唯物辩证法的范畴、观点、规律完全适用于辩证思维;同时,辩证思维也是客观辩证法在思维中的反映,联系、发展的观点也是辩证思维的基本观点。辩证法认为:一切客观事物都是在不断发展的,任何客观对象都通过其内部的矛盾冲突,发生着不断的变化。因此,辩证思维就是着眼于客观对象的内在矛盾,深入考察其内部各方面的相互联系,从而从整体上、本质上完整地认识对象的思维方法。

辩证思维也是一种世界观,要求人们观察问题和分析问题时,要以动态发展的眼光来看问题。辩证思维是高级思维,这里说的"高级"并不是指辩证思维的"级别"有多高,而是以"高级"这个概念来说明辩证思维的复杂性。

古籍《易经·系辞上》云"一阴一阳谓之道",《老子》中也说"有无相生,难易相成,长短相形,高下相倾,音声相和,前后相随",这就是对辩证法的描述。列宁认为"就本来的意义说,辩证法就是研究对象的本质自身中的矛盾"。柏拉图认为,应该"把辩证法摆在一切科学之上,作为一切科学的基石或顶峰"。辩证思维的核心就是辩证法,研究辩证思维的学科就是辩证逻辑。

徒弟随师傅修行多年,自觉已把师傅的本事学得差不多了,便寻思下山独自闯荡。某日,徒弟向师傅辞行:"师傅,我已学成,想下山建功立业。"师傅:"你学到的知识够了吗?"徒弟:"够了,师傅教的我全都会了。"师傅:"哦,你觉得学到什么程度了?"徒弟:"如果我的头脑是一个碗,那么它已经满了。""是吗?"师傅道,"你去拿一个碗装一碗石子来。"徒弟很快便捧来一个装满石子的大碗。师傅看了看大碗说:"你认为如果你的头脑就是这个大碗,知识就像碗里的石子,而这个大碗显然已经再也装不下了?""是的。"徒弟随手捡起一颗石子往碗里放去,石子立即滚落地上,于是说:"师傅你看,已经满了。"师傅笑了笑,从地上抓起一把细沙放到碗里,没有一粒沙子掉到碗的外面,问他:"满了吗?""啊!这……满了。"徒弟面带愧色。师傅又抓了一把尘土放到碗里,没有一点尘土掉落,继续问:"满了吗?"徒弟满脸通红地点点头:"应、应该是满、满了。"师傅又往碗里倒了一杯水,再次问:"现在呢?"徒弟已是汗流满面,深深向师傅鞠了一躬,转身回到书斋,从此再不提出师下山一事。

这个故事告诉我们,在认识客观世界的过程中,不能绝对地、静止地看待对象,要看到事物的相对性,要以发展的眼光去认识客观对象,这就是辩证思维的基本要求。

"思维"是每一个正常的人都具有的能力,几乎所有的人都具有形象思维能力,只不过有强弱的程度之分,同时,大部分人还具有抽象思维能力,而且通过学习和训练,可以增强这个能力,但天生具有辩证思维能力的人则很少。一般来说,辩证思维能力的获得,不仅需要专门的学习和训练,还需要通过"勤思善析"来养成。

# 逻辑是什么

那么逻辑到底是什么？中国人习惯根据汉语言的特点去了解一个语词的含义，比如：农民，我们一般从字面上就能理解是指"居住在农村、从事务农活动的民众"；"农民工"是指"具有农民身份、为了工作从农村移民到城市的人员"。而"逻辑"呢？由于这是一个外来、音译的词汇，我们显然无法从字面去分析它包含的意义，因此只能借用其母语意义，即指思想、言辞、理性、规律等，是研究思维形式结构和思维规律，并为人们认识客观世界、论证思想的思维工具。[1]

简单地说，逻辑就是研究思维规范的学问，是为正确思维提供理论依据，以此来认识客观对象的思维工具。

由于逻辑学家们对逻辑理论的不断挖掘，建立了各种逻辑模型和理论体系，把逻辑学推上了社会科学的理论巅峰，普罗大众在阅读逻辑理论书籍时，通常只会获得三个字的结论——"看不懂"；于是，在人们的普遍认知中，"逻辑"就成了一门非常深奥的学问，对其怀揣敬畏、不敢触碰，致其从通识教育中剥离，成为一门只存在于高等教育课程中的特殊学科。这其实并非逻辑的本意，逻辑学原本不过就是思维工具，与数学、哲学一样是与普通人接触最密切、互动最频繁、应用最广泛的工具。

我们早上起来洗漱完毕，准备去楼下吃早餐，吃什么呢？于是"油条豆浆""小笼蒸饺""灌汤包""牛肉面""甜酒汤圆"等小吃的形象可能会在脑海中一一闪现，甚至我们还可能回想

---

[1]《普通逻辑》（修订本）[M].上海：上海人民出版社，1987.

起它们的味道，于是形成了逻辑的基本形式——概念。

我们看到天高云淡，感觉清风徐来，不禁会感慨"今天的天气真好"。这是逻辑的形式之一——判断。

我们听到许多学生夸赞某位老师，于是断定该老师教学效果很好。如果某老师得到学生的普遍夸赞，那么该老师的教学效果很好；这位老师获得了学生的普遍夸赞，所以，这位老师的教学效果很好。这也是逻辑的形式之一——推理。

任何人的学习、生活、工作都离不开逻辑方法的应用，逻辑并不是建在云天之上仅供"观赏"的辉煌宫殿，而是可供每一个人"遮风挡雨"的普通房舍，它是用来解决人们思维准确性与正确性的工具性学科。逻辑学并没有人们想象中的那么复杂、那么深奥，逻辑的方法触手可及。当我们需要保证思维的正确时，逻辑便是最"称手"的工具，所以，人的一生中，逻辑无处不在。

当然，逻辑也不是可以信手拈来的思维工具，它需要人们通过进行一定的理论学习和实践训练才能获得。说到这里，可能有人会说：我没有学过逻辑，但并不会影响我进行正确的思维。的确如此，有的人与生俱来便拥有良好的思维习惯，也有一些人或通过向他人学习或通过工作养成了良好的思维习惯，于是，他们的思维大多是符合逻辑的，许多时候也能获得正确的结论，我们将这种思维称为"自发的逻辑思维"，简称为"自发思维"。但是，在认识客观对象和论证思想时，仅有自发思维是远远不够的，自发思维并不能确保思维的必然正确，因此，我们还必须进行自觉的逻辑思维。

自发思维是一种被动思维，指人们未认识、未掌握客观对象和规律时，不受外力影响而自然产生的一种在一定条件下符合逻辑要求的思维活动，这种思维活动一般是"知其然"的无主动意识的一种条件反射。未经过系统的思维理论学习和思维方法训练的人，由于其他科学知识和社会知识的积累，或多或少、或强或弱都具备了一定的自发思维能力，虽然他们未必知道什么是逻辑思维，但却可以进行一些简单的推理从而获得结论。

自觉逻辑思维可以简称为"自觉思维"，是"按照自己的意图主动去做"的一种主动思维活动，这种思维活动是"知其所以然"的目的性明显的积极思维；通常认为，只有经过思维理论（哲学理论、逻辑学理论）系统学习和思维方法训练的人，才可能具备较强的自觉思维能力。具有自觉思维能力的人，可以通过严密、规范的逻辑推理获得自己所需要的结论。一般来说，创造性思维就是以自觉思维为基础的，由此，逻辑方法作为认识客观世界的思维方法，自觉思维就理所当然地成为其不可或缺的根本要素。

但是，并不是说能够自觉地应用逻辑，就等于具有了创造性思维的能力。创造性思维能力是一种综合能力的具体表现，它包括了专业理论知识的积累、实践经验的沉淀、对未知可能性的预测、对已知和未知之间关系的感悟、对创新过程的掌控和顿悟等等，这其中，自觉思维仅仅是创造性思维的基本构成要件。虽然自觉思维并非是创造性思维的全部，却不能否定自觉思维的重要价值，正是由于自觉思维是创造性思维的基本构成要件，决定了它在创造性思维活动中不可或缺的地位，因而可以说，"自觉思维是创造性思维的必要条件"。[1]

本书要介绍的主要内容是逻辑学中最基础、最重要，也是我们最常用的部分——形式逻辑，那么我们通过对形式逻辑的定义，便可基本了解什么是逻辑了。**形式逻辑是研究思维形式的结构、思维**

---

[1] 刘洪波、李媛媛、刘澈.《基本演绎法》[M].成都：四川文艺出版社，2020.

的基本规律和一些认识客观现实的方法的科学。[1]

我们知道，人类社会的发展是人们对客观世界不断深入认识的外在表现，这个认识过程始终依赖于创新思维或创造性思维，因此便必然地彰显出学习、掌握逻辑思维方法的重要性和必要性。至此，我们对"逻辑"应该有了一定的了解，基本解答了以下问题：逻辑是什么？有什么用？为什么要学习逻辑？这三个问题也为后面介绍逻辑的基本原理奠定了基础。

## 逻辑简史

逻辑学是研究逻辑理论与方法的学问，产生于两千多年前的古希腊、古中国和古印度。在逻辑学产生之初，并不是以一门独立学科的形式存在的，而是依附于哲学、教育学、社会学等等，主要以思维和论辩方法为主要研究对象。在其发展过程中，先是"寄生"于哲学的怀抱，而后逐渐成熟并最终从哲学中分化出来，成为一门独立的学科。

在古中国的春秋战国时期，惠施、公孙龙、墨翟及后期的墨家、荀况和韩非子的言论与著作中，不仅均对逻辑问题有所涉猎，甚至有的还有专门研究。在《墨子》的《小取》篇中就有"以名举实，以辞抒意，以说出故"的说法，这里的"名"就是逻辑学中的"概念"，"辞"相当于逻辑学中的"判断"，"说"则基本等同于"推理"；[2]它指出，在思维过程中，我们往往用概念来反映客观对象，

---

[1] 苏天辅.《形式逻辑》[M].北京：中央广播电视大学出版社，1984.
[2] 《普通逻辑》(修订本)[M].上海：上海人民出版社，1987.

用判断来表达思想，用推理来说明客观对象之间的因果关系。公孙龙就对概念进行了较为深入的研究，在其《白马论》中关于"白马非马"的论辩，其本质就是关于"白马"这个概念的内涵和外延的论证。当然，古中国的学者除了讨论概念，也对说理有较为广泛的研究，产生的学问称为"辩学"，其中的代表人物就是惠施，《庄子·天下》详细记载了惠施的"历物之意"，这其中便有关于"辩"的若干讨论。春秋战国时代的诸子百家中，惠施、公孙龙便被称为"名家"，他们所研究的关于思维和论辩的学问被称为"名学"和"辩学"，实际上就是中国"古逻辑"。中国"古逻辑"与中国的其他学说一样，都崇尚社会实践的功用性，在人际交往、社会治理、教育、外交，甚至军事领域都有大量应用的历史痕迹。

古印度的逻辑称为"因明"学说，代表人物有陈那和商羯罗等，在陈那的《因明正理门论》和商羯罗的《因明入正理论》中，专门研究了推理和论证的方法，形成了印度独特的逻辑理论体系。比如，陈那提出的"三支论式"就将推理形式分成了"宗""因""喻"三个部分，是形式逻辑中"三段论"的早期雏形；"宗"指的是推理的结论，"因"指小前提，而"喻"则相当于大前提。古印度的逻辑成果，大多存在于佛学理论中，其作用主要是用来向人们阐释佛理。

对逻辑理论和逻辑方法研究最全面、最系统的是古希腊的学者，从苏格拉底、德谟克里特到柏拉图、亚里士多德等，都从不同角度、不同深度讨论了归纳、类比、演绎、概念、定义、划分和判断等方面的问题。其中，亚里士多德在总结前人研究成果的基础上，第一次全面、系统地讨论了逻辑的各种主要问题，创建了"形式逻辑"这门科学，被后世称为"逻辑之父"。后来的学者把亚里士多德的《范畴篇》《解释篇》《前分析篇》《后分析篇》《论辩篇》

和《辩谬篇》等著作编纂在一起，称为《工具论》，这是逻辑研究划时代的著作，成为逻辑学的里程碑；除此之外，亚里士多德在其《形而上学》中还集中论述了"同一律""矛盾律"和"排中律"等逻辑思维的基本规律。后来的古希腊斯多葛学派则侧重研究了"假言判断""选言判断"和"联言判断"等复合判断，并形成了相应的推理形式，对亚里士多德的形式逻辑进行了补充，丰富了形式逻辑的内容。

1662年，法国出版了波尔·罗亚尔的《逻辑或思维的艺术》。这是一部较为成熟的逻辑教科书，在欧洲产生了广泛的影响，对于全面普及形式逻辑知识发挥了极其重要的作用。

从17世纪末的德国哲学家莱布尼兹和英国哲学家培根，到后来的英国数学家布尔、罗素，这些先驱们则专门研究用数学方法来处理演绎逻辑的问题，试图建立"逻辑演算"，由此诞生了一门新兴学科——数理逻辑，并在20世纪发展出许多新的分支，如递归论、模型论、公理集合论等等。同时，数理逻辑在自动化、计算机科学与技术和人工智能等方面也得到了广泛的应用。

## 逻辑分类

在前面的叙述中，我们看到了形式逻辑、数理逻辑等概念，那么到底逻辑有哪些分类呢？从理论研究和实践应用的角度，我们其实可以把逻辑简单地分为理论逻辑和应用逻辑，从字面意义去理解，理论逻辑是专门研究逻辑理论的，而应用逻辑则是专门研究逻辑方法的实践应用。但是，这样的分类非常模糊，我们很难厘清哪些逻辑理论是仅限于知识性的理论，而哪些逻辑方法可以在实践中去应用。因此，这种分类界限不清，不尽科学。

按照逻辑的传统分类，一般把逻辑分为两大类：一是形式逻辑，二是辩证逻辑。形式逻辑又分为传统形式逻辑和现代形式逻辑，这两种逻辑我们分别简称为"传统逻辑"（或者"普通逻辑"）和"现代逻辑"。

传统逻辑以《工具论》为主，包含了归纳法和逻辑思维的基本规律等内容；现代逻辑即"数理逻辑"。形式逻辑的研究对象主要是抽象思维，而辩证逻辑的研究对象则主要是辩证思维；此外，还有模态逻辑、模糊逻辑、时态逻辑、多值逻辑等等，我们一般认为这些逻辑的研究对象依然属于抽象思维的范畴，因此将它们也归为形式逻辑。

除形式逻辑和辩证逻辑外，还有一门逻辑学科叫作"制约逻辑"，是由我国原北京开关厂高级工程师林邦瑾于20世纪80年代中期建立的，受到了国际逻辑学界和人工智能领域的高度关注，其相关成果主要应用于人工智能领域，"制约逻辑刻画清楚了制约门的逻辑性质，为研制制约门，从而进一步设计、制造内涵智能机提供了作为基础理论的逻辑理论基础"。但目前研究"制约逻辑"的学者不多，对其能否在社会学领域得以有效应用也不甚明了，故在一般的逻辑分类中少有提及。

## 怎样进行正确的思维

"是先有鸡还是先有蛋？""你妻子和母亲同时掉到了河里，在只能救一个人的前提下，你会救谁？"这是两个已经困扰人们许久的问题，我们将这类问题称为"送命题"。当我们面对这类问题的时候，应该怎样回答呢？答案是思维的结论，要保证结论的正确，前提是必须进行正确的思维，只有思维是正确的，才能确保答案的正确。

首先，我们来分析第一个问题："是先有鸡还是先有蛋？"我们都知道"鸡生蛋、蛋孵鸡"，你回答先有蛋，那么就会产生新的问题——蛋从哪里来的？如果你回答先有鸡，同样也会产生新的问题——鸡不是由蛋孵化出来的吗？所以，这是一个无限循环的问题，似乎无论怎样回答都不是正确答案。

然后，再来分析一下第二个问题："你妻子和母亲同时掉到了河里，在只能救一个人的条件下，你会救谁？"如果回答"救母亲"，妻子必然不高兴——"你不爱我"；如果回答"救妻子"，母亲必然会伤心——"你没孝心"；所以，你会进退维谷，陷入"要么对妻子不爱，要么对母亲不孝"的两难境地。

在论辩理论中，有"要尽量规避无法进行的论辩"的说法。显然，上面的两个问题就是无法进行讨论的论题，应该尽量规避。然而有时候你可能会发现，其实根本无法规避。

比如第二个问题。如果是你母亲或者你妻子提出来的，你显然无法成功规避，那么，你应该怎么回答呢？这时，我们应该借助当时的环境进行正确的思维。一般来说，无论是母亲还是妻子，都不会当着对方的面提出这个问题，那么，我们就可以对母亲说："我是您生的养的，当然要救您。"也可对妻子说："你把你的一生都给了我，我当然要救你。"这样，母亲、妻子都得到了自己想要的答案，自然不会引起家庭矛盾，通常无论是母亲或是妻子都不会无聊到在对方面前去炫耀你给的答案，于是皆大欢喜。如果这个问题是你的朋友、同学、同事等等提出的，那么，你可以这样回答："我不需要考虑这个问题，因为我的母亲和妻子都很聪明，不可能在她们身上发生同时掉到河里的事情。"面对这样的问题，正确的思维并不是去寻找正确的答案，而应该结合提出问题的对象，去思考并给出对方或满意，或认为合理，或无法继续争辩的答案，这个思考过程就是正确的思维。

再看第一个问题。如果你的思维局限于寻找正确答案，则必然会陷入无限循环。曾经也有人问过我这个问题，我说："先有鸡。"当然，毫无疑问也遇到接下来的问题："那么，鸡是从哪里来的呢？"我的回答是："鸡的前生是原鸡，而原鸡的前生是始祖鸡，始祖鸡是胎生动物，但始祖鸡过于弱小，天敌太多，因此在逐渐进化的过程中，始祖鸡便由地面行走进化为空中飞翔。显然，胎生是不适合空中飞翔的，你看到可以在天上飞的动物有胎生的吗？所以，为了种族繁衍和适应自然，始祖鸡进化成了卵生动物——原鸡，而原鸡经过人类的圈养，在人类的保护下，原鸡便不需要通过飞翔来逃避天敌的威胁，于是飞行能力渐渐退化，演变为现在我们看到的鸡。因此，从鸡的进化演变过程来看，是先有鸡。"提问题的人非常疑惑："是这样的吗？"我反问："如果你认为不是这样，那么，请你告诉我，是先有鸡还是先有蛋？"对方顿时张口结舌无法回答。其实，我的回答并没有进化论的科学依据，只是为了合理规避这个问题，然而对方也并不了解鸡的进化演变，便不得不被动接受我给出的答案。我认为，在回答"是先有鸡还是先有蛋"这个问题的时候，这样的思维是正确的；当然，并不能因此说明这个答案就是正确的。

思维的正确与结论的正确并不能画等号，在思维正确的基础上，必须以科学的原理为依据，才能保证结论的正确，但首先你得确保你的思维是正确的。在这里，我们讨论的是"怎样进行正确的思维"，因此就没有涉及科学理论和普遍性"公理"。

以上两个问题的答案当然不一定是唯一的，甚至也不一定是最好的，但它是合理的，我们不管结论的正确与否，至少这个思维是正确的，它有效规避了"无法进行的讨论"。

Part 2

# 第二章　形式逻辑

什么叫"形式逻辑"？简单地说，形式逻辑就是研究思维形式与结构及其规律的科学，之所以冠以"形式"，即说明这门学科的研究对象主要侧重于思维的形式以及这些形式的结构，一般不涉及或者较少涉及思维的内容和表达思维的语言。

从思维的形式来说，有概念、判断和推理三种；或者说，任何思维形式都是由概念、判断和推理三种思维形式构成。本章就主要围绕这三种思维形式进行讨论。

# 概念

我们通常在看到某些对象后会形成关于该对象的概念，这时候我们其实混淆了"属性"和"概念"。属性按照字面意义，是指"属于对象的性质"；而概念则是综合对象属性后，对对象的认识。这两者是完全不同的。

在客观世界中，存在着各种各样的许许多多的事物和现象，我们可以把它们统称为"客观对象"，在认识客观世界的过程中，首先要认识客观对象，我们总是通过对客观对象的认识来了解客观世界的，因此，所有的客观对象都是我们的认识对象。

每一个客观对象都有自己的性质，比如形状、颜色、动作、大小、质地等，有的对象则是以一种虚拟的状态存在，比如谦虚、人品、歌声、帮助等等，它们的性质就不可能看得见或摸得着，我们无法确定其大小、形状、颜色等，因此其性质往往用好坏、高低、有无等语词进行表述。还有一些对象表达的是关系，比如朋友、敌人、先来、后走等，于是我们会用是、不是、在……之前（之后）、在……之上（之下）等来表述其性质。但无论什么对象，都具有自己的性质，这些性质是客观对象所具有，因此，我们将其称为"属性"。有的属性是一个对象或一类对象独有而其他对象所不具有的，称为"特有属性"，即"个性"，如"根据职业需要和国家规定，身着制式警服"就是"警察"这一类对象所具有，而普通人所不具有的属性，是"警察"的特有属性；有的属性是许多对象都共同拥有的，叫作"共有属性"（共性），也称为非特有属性，如"有四只脚"，这就不是特有属性，不仅大多数动物具有这个属性，而且一些桌椅、凳子也有这个属性，属于非特有属性。当然，所谓特有属性也是相对的，对于同一类对象来说，某些特有属性其实是该类对象的共性，比如前面所说的"根据职业需要和国家规定，身着制式警服"对于"警察"这一类对象来说，就是非特有属性。

特有属性有两方面的特点：一是区别性，即根据该属性可以区别此对象与其他对象，称为特有属性；二是固有性，也叫规定性，即规定了此对象之所以成为此对象的性质，或者说只要具备了这种性质，就成为某种特定的对象，因此，我们将具有固有性的特有属性称为"本质属性"。特有属性具有区别性，但不具有固有性，比如"能直立行走且无毛两足"就是"人"的特有属性，但并不能说只要具备"能直立行走且无毛两足"的性质就是人，你总不能看到一只拔了毛的鸡就认为这是人吧。再如，"身着制式军服"是军人的特有属性，我们可以据此区别军人与普通人，但是却不能说"只要身着制式军服就是军人"。具有固有性的本质属性则不仅具有区别性，而且还具有规定性，比如"具有抽象思维，能制造和使用劳动工具"这个属性是专属于人独有的性质，它不仅可以用来区别人和其他动物，也规定了人之所以成为人的基本要求。

概念是一种思维形式，按照思维的名词定义，是"对客观对象间接的、概括的反映"，那么，概念同样是概括、间接反映对象的，也就是说，我们综合某个客观对象的各种属性，就能形成关于该对象的概念。

## 什么是概念

到底什么是概念？传统逻辑学界其实有两种说法：其一，概念是反映对象特有属性的思维形式，或者说，概念是通过对象的特有属性来反映对象的思维形式；[1]其二，概念是反映对象本质属性的思维形式。[2]这是两种对概念的定义，学界对此也多有争议，但无论哪一种定义更为准确，概念是思维形式这一点却是毋庸置疑的，分歧之处仅仅是概念反映的究竟是对象的特有属性还是本质属性而已。

从思维的名词定义来分析，概念应该是通过对象的属性间接、概括地形成的，而通过对客观对象性质的归纳、综合等来认识该对象，其实就是间接、概括的认识过程，也就是说，我们通过对属于某对象的各种性质进行归纳、综合，可以形成关于该对象的概念。从这个意义上来说，似乎只要反映了对象的特有属性的思维形式就是概念。是的，作者认为"概念是反映对象特有属性的思维形式"；那么"反映对象本质属性的思维形式"究竟还是不是概念呢？当然也是概念，是更为深刻的概念。

前面说过，思维包括形象思维、抽象思维和辩证思维，通过特有属性形成概念的过程便是形象思维，而通过本质属性形成概念的过程则是抽象思维。人们在认识客观对象的过程中，首先是通过该

---

[1] 苏天辅.《形式逻辑》[M].北京：中央广播电视大学出版社，1984.
[2]《普通逻辑》（修订本）[M].上海：上海人民出版社，1987.

对象的外在属性的综合分析，获得其区别于其他对象的特有属性，然后再深入研究，挖掘并发现该对象之所以成为该对象的本质属性，从而达到全面、深刻认识此客观对象的目的。这是一个由浅入深、由表及里的认识过程，其概念的形成也同样分为两个阶段：一是特有属性认识阶段，二是本质属性认识阶段。因此，概念应该有两种形态：一种反映对象的特有属性，可以将其称为"一般概念"；另一种反映本质属性，可以称之为"本质概念"。"一般概念"是人们对客观对象的初步认识，是对对象外在属性综合反映的思维形式；"本质概念"是对客观对象的深刻认识，是揭示对象内在的规定性属性的思维形式。

当我们遇到可能的人身伤害时，看到身着制式警服的人，我们便会认为这人是警察，会向其求救，这是基于我们对"警察"形成的"一般概念"的认同；但是，如前所述，身着警服不一定就是警察，按照现代汉语的定义，只有"具有武装性质的国家治安行政人员"才是警察，这是"警察"的"本质概念"。

按照逻辑理论，概念由内涵和外延两个部分构成，所谓"概念的内涵"是指概念所反映对象的特有属性或本质属性，如"军人是身穿制式军装的人"，这是"军人"一般概念的内涵；"警察是具有武装性质的国家治安行政人员"，这是关于"警察"的本质概念的内涵。所谓"概念的外延"则是指概念所反映的客观对象的范围，比如"人"这个概念的外延就包括古今中外各种各样的人；"商品"这个概念的外延就包括各色各类"具有一定价值可以用于交换的劳动产品"。[1]

一般来说，任何概念都有内涵、外延两个组成部分，内涵是关于概念"质"的方面的规定，而外延则是对概念"量"的方面的规定。内涵是概念对象的属性，外延则是具体的概念对象的数量或范围。我们通常所说的"概念要明确"，实际上指的是，在思维和表达的过程中，当运用概念时，要明确概念的外延和内涵。

我们需要明白的是，外延指的是具体的客观对象，而不再是客观对象的概念；如果我们单独表达的是"外延"，那么一定不是概念，只有我们表达的是"外延概念"，所指的才是关于概念的某个外延对象的概念。"学生"的外延，指的是所有学生——张三、李四等等；如果是"关于学生中大学生的概念"，那么则是指"学生"这个概念的外延"大学生"的概念。所以，我们要仔细区分"外延"和"外延概念"。

概念的外延有的是若干不同的单独对象，有的是一类对象，而这一类对象又是由不同的单独对象组成，为了方便叙述和统一表达的需要，我们一般把同一类对象称为"类"，把单独的对象称为"分子"。"学生"的外延有大学生、中学生、小学生等，作为外延的"大学生"就是一类对象。"王五家的家具"这个概念的外延就是王五家里一件一件不同的家具，是单独的对象。

概念既然是思维形式，那么就一定要用语言来表达，表达概念的语言叫作"语词"。概念必须依赖于语词而存在，不借助语词来表达的赤裸裸的概念则是不存在的；同时，概念也是语词的思想内容，两者联系紧密不可分割。任何概念都必须要用语词来表达，但是，语词与概念又并非一一对应。

---

[1]《普通逻辑》(修订本)[M].上海：上海人民出版社，1987.

根据概念与语词的特点,它们之间存在着以下几种关系:(1)有的语词没有确定的思想内容,不表达概念,如啊、而、何、乎、乃、其、且、吗、若、也等等,语词分为实词与虚词,一般来说实词表达概念,而虚词不表达概念。(2)同一个概念可以用不同的语词来表达,如薪水和工资、精神病人和疯子、《出师表》的作者和诸葛亮,等等,在汉语言中这种语词关系称为"同义词"。(3)同一个语词可以表达不同的概念,如"运动",我们可以说"学校马上要开运动会了",这里的"运动"指的是体育活动;如果说"五四运动唤醒了中国民众",这里的"运动"则是指"向群众公开宣扬某种思想、见解、主义的社会活动"。这种语词在汉语言中被称为"多义词"。"同义词""多义词"中的"义"其实就是指语词的思想内容,就是概念。"同义词"指多词同义,即多个语词表达同一个概念;"多义词"指一词多义,即一个语词表达多个不同的概念。

概念是逻辑学的研究对象,语词则是语言学的研究对象,在实际应用中,概念总是以语词的形式运用在各种语言环境中,同一个概念在不同的语境中可能会产生不同的意义,若我们不去深入分析某个语词的逻辑或语言学含义,那么就极有可能出现词不达意或者用词不当的情况。如:①"人民是创造历史的真正动力",②"我们要为人民服务",这两个语句中都包含了"人民"这个概念,但二者是同一个概念吗?我们知道"人民"是同一类对象"人"所构成的一个整体,其外延是具体的"人"。很显然,例①的"人民"应该指的是整体概念,是"人民"这个整体,"是创造历史的真正动力",而不是指"人民"中的个体;而例②中的"人民"应该是指构成"人民"的个体,即一个一个具体的人,因为我们的服务惠及的对象无论如何都不是"人民"这个整体,而是每一个人。因此，为了表达准确、避免思维混乱，我们必须了解概念与语词的联系与区别，熟练掌握概念的语言表现形式。

## 概念的种类

关于客观对象的概念有许许多多，按其学科领域的不同，自然也就形成了不同的种类，比如人们习惯性地把存在于哲学中的概念称为"哲学概念"，把表达物理学对象的概念称为"物理学概念"，把反映医学对象的概念称为"医学概念"，等等。但是，逻辑学显然不可能去研究所有的学科，也就不可能根据各种自然科学或社会科学的特点与要求对概念进行分类。

但是，为了准确运用概念和正确思维，我们又不得不划分出概念的类型，那么，该怎样明确概念的种类呢？逻辑学只能根据概念的逻辑特征与逻辑结构——概念的外延和内涵，来分出概念的不同种类，当然同时也会借助相关学科的一些"公理"性常识。

### 根据外延数量的分类

我们根据概念外延数量进行分类，可以把概念分为普遍概念、单独概念和空概念。

1. 普遍概念：普遍概念是反映一类对象的概念，它的外延至少有两个，当然也可能有若干个，也就是说，普遍概念由两个或两个以上的分子构成。

如：国家、城市、外国人、动物、书、报纸等等，这些概念都有许许多多的外延，有的有固定的数量，有的则无法穷尽，我们就把这样的概念叫作普遍概念。

2. 单独概念：单独概念是反映某个特定对象的概念，它的外延只有一个,或者说它是由一个单独的分子构成。

如:中国、福尔摩斯、亚洲、五四运动、鲁迅等等,它们的外延在所有人的认知中是唯一的,汉语言中所谓的"专用名词"表达的就是这类概念。至于某人说"我隔壁老鲁家的孩子也叫鲁迅,这不是至少有两个鲁迅了吗",但是"老鲁家的鲁迅"不属于公众认知,我们所指的"鲁迅"显然是现代文学家鲁迅先生。

3.空概念:空概念是人们综合一些不同对象的属性而形成的概念,其外延客观上是并不存在的,即没有任何一个客观存在的外延,或者说客观上外延为零。

如:鬼、神、上帝、孙悟空、妖等等,这些概念在客观现实中是没有外延的,其内涵是不同对象的属性的汇集。

以外延数量对概念进行分类并不难以理解和掌握,要注意的是,许多初学逻辑的人特别容易混淆空概念与普遍概念、单独概念的关系,比如有的人会认为"孙悟空""上帝"等是单独概念,而"鬼""神"等是普遍概念,出现这种错误的原因,是他们混淆了客观世界与"可能世界"。

所谓"可能世界"是指那些人们想象中的"世界",我把这种想象中的世界称为"幻域"(未必恰当)。"幻域"不是客观存在的东西,而是人们想象出来的,它只存在于人们的头脑中,我们不能把存在于现实中的客观世界与存在于头脑中的"幻域"混为一谈。

**根据是否反映群体对象的分类**

有的概念反映的是一类对象的群体,有的概念反映的是一类对象的个体,我们根据这种不同对象的反映,把概念分为集合概念和非集合概念。

1.集合概念:集合概念是反映集合体的概念,也就是反映由个别对象（分子）构成的整体的概念，同时，构成这个整体的个别对象不具有该整体的属性。

丛书、森林、人民等等。"丛书"是由不同的"书"构成的整体概念，但是，任何一本书都不能叫作"丛书"；"森林"是由许多不同的"树"（或若干同一类树）构成的整体概念，但任何一棵树都不能叫作森林；"人民"是由所有"人"构成的整体概念，但一个单独的人却不能叫作"人民"。

2. 非集合概念：非集合概念是不以集合体为反映对象的概念，即该概念是反映同一类对象的概念，同时，构成这一类对象的任何一个分子（个别对象）都具有这一类对象的属性。

书、警察、动物等等。"书"是关于一类对象的概念，任何一本书都可以称为"书"；"警察"同样是反映一类对象的概念，不管是"交警""巡警"还是"刑警"，都可以统称为"警察"；"动物"也是反映一类对象的概念，无论是"狮子""秃鹫"还是"鲨鱼"，都是动物。

由于集合概念和非集合概念反映的似乎都是关于对象的一个"群体"，因此，许多逻辑初学者很难区分或者很容易混淆这两类概念；并且，概念是需要用语词来表达的，而语词又总是在不同的语言环境中使用，相同的语词应用于不同的语言环境，可能所表达的概念是完全不同的，这就需要我们准确把握语词所表达的概念。

①"人是由猿进化而来的"和②"人贵有自知之明"就是

两个不同的语言环境，这两句话中都包含了"人"这个语词，但是，它所表达的概念却是完全不同的种类，例①的"人"是集合概念，例②的"人"是非集合概念。"人是由猿进化而来的"中的"人"指的是"人"这个群体是由猿进化而来的，并不是说"每一个人"都是由猿进化而来，总不能说张三10岁前是猿，在树上生活，10岁以后就下地变成人了，构成"人"这个整体的个体，即"每一个人"并不具有整体的属性，所以，这个语句中的"人"是集合概念；"人贵有自知之明"指的是"每一个人"最可贵的是具有自知之明，"每一个人"涵盖了构成"人"这个整体的所有个别对象，即构成"人"这个整体的个体"每一个人"都具有整体的属性，所以，这个语句中的"人"是非集合概念。

区分集合概念和非集合概念看似是一个比较困难的事，其实，只要你了解构成整体的个别对象的情况，便可运用"S是P"这个简单公式来区别集合概念和非集合概念。我们约定"S"是构成整体的个别对象概念，"P"是关于整体的概念，如果"S是P"这个公式成立，那么"P"就是非集合概念；如果这个公式不成立，那么"P"就是集合概念，这种方法无论在何种情况下，都可以准确判定集合概念和非集合概念。如上例："人是由猿进化而来的"，语句中的"人"为"P"，构成这个整体的对象"每一个人"为"S"，"S是P"吗？每一个人都是由猿进化而来的吗？答案当然是否定的，即"S是P"不成立，所以"P"是集合概念。再看"人贵有自知之明"这个语句，语句中的"人"为"P"，构成这个整体的对象"每一个人"为"S"，"S是P"吗？每一个人最可贵是具有自知之明吗？答案当然是肯定的，即"S是P"成立，所以，"P"不是集合概念。

在实际应用中我们不能混淆集合概念和非集合概念,否则会导致表达的错误。如:"李四一下车便和前来欢迎他的行列握手。"这句话就混淆了集合概念和非集合概念,"行列"是一个集合概念,是不可能有"手"的,只有构成"行列"这个整体的个别对象"人"才有"手",所以,李四握手的对象是来欢迎他的人,而不是"行列"。

### 根据是否反映某种特定对象进行的分类

有的概念是反映某种(类)特定的对象,或者说其反映的对象具有某种属性;而有的概念反映的是特定对象以外的其他对象,或者说其反映的对象不具有某种属性。我们把前者叫作肯定概念,后者称为否定概念。

1. 肯定概念:肯定概念又叫作"正概念",它反映的是具有某种属性的对象,[1]是关于某种(类)特定的对象的概念。[2]

> 正义战争、合法行为、亚洲、马克思主义等等,这些概念反映的都是某特定的对象,它们都具有某种属性,传统逻辑就把这样的概念称为"肯定概念"(正概念)。

2. 否定概念:否定概念又叫"负概念",它反映的是不具有某种属性的对象,是关于某特定对象以外的其他对象的概念。

> 非正义战争、非法行为、非马克思主义、非大学生等等,

---

[1] 苏天辅.《形式逻辑》[M].北京:中央广播电视大学出版社,1984.
[2] 《普通逻辑》(修订本)[M].上海:上海人民出版社,1987.

这些概念反映的并不是某特定的对象，而是对某特定对象以外的其他对象的反映，或者说它们反映的是不具有某种属性的对象，传统逻辑就把这样的概念称为"否定概念"（负概念）。

需要注意的是，负概念反映的是"某特定对象以外的其他对象"，这个所谓的"其他对象"所指非常宽泛，可以是任何对象，如果按照这样的界定，非常不利于我们准确表达思想，因此，我们在考虑"其他对象"这个范围的时候，不能漫无边际，必须要划定一个讨论的范围，这个范围我们将其称为"论域"。

某工厂专门生产重要物资，厂门口悬挂着"非本单位工作人员禁止入内"的提示。

一天，老张因急事要找儿子，可手机和办公室电话都打不通，老张便只有急急忙忙来找在这个工厂上班的儿子。

由于正值上班时间，门卫按照规定坚决不放老张进去。老张软磨硬泡了好久，门卫最后只同意老张在门卫室等着，并进行了详细的登记，答应等下班后通知老张的儿子。老张非常恼火道："等下班后再通知，我还不如就在家里等儿子回来，那我心急火燎地跑来工厂干什么？"门卫指了指门口挂着的提示道："你看，厂里有规定，你不能进去。"

这时，一条流浪狗从铁门的缝隙钻进了厂里，老张便指着狗道："它为什么能进去，我就不可以？而且也没见你叫它登记。"门卫道："那是一条狗，登什么记？你又不是我们厂的工作人员，当然不能进去。""我当然知道我不是你们单位的工作人员，所以没有擅自闯进去。但是，你们也不能区别对待呀。"老张指着流浪狗道，"它是你们厂的职工吗？为什么可以进入厂区，而且还不用登记？"门卫笑道："它就是一条狗，你和它较什么真？"老张倔强地道："我不管它是什么，我只问你，它是你们厂的工作人员吗？"门卫道："不是。"老张指着门口悬挂的提示道："这上面写的是'非本单位工作人员禁止入内'，如果它不是你们厂的工作人员，那么它就不应该进去。"门卫顿时语塞。老张接着道："既然它都可以进去，那么我当然也可以进去。"说罢走出门卫室向着厂区扬长而去。门卫看着老张的背影不知所措，脑子里在想，问题到底出在哪儿呢？[1]

这个例子就涉及了负概念的论域问题。"非本单位工作人员"是一个负概念，按照负概念的定义是指"本单位工作人员"这个特定对象以外的其他对象，而"其他对象"则是一个非常宽泛的指向，只要是这个工厂的职工以外的对象都被包含在内，从这个意义上来说，流浪狗当然也属于"其他对象"之一。但是，当我们说"非本单位工作人员"时，显然是不包括流浪狗的，在我们的习惯性认知中"本单位工作人员"和"非本单位工作人员"，一般是在"工作人员"这个范围里讨论，"狗""猫""汽车""山川""河流"等肯定不在讨论的范围，所以，"工作人员"就是"非本单位工作人员"这个负概念的论域。任何负概念都存在着论域，没有论域的负概念其所指是漫无目的的，会导致思维和表达都不准确。

按照汉语言的习惯，负概念的构成是由表达某个特定对象的语词加一个否定词构成，也就是说，负概念必然包含否定词，但是，包含否定词的却不一定都是负概念。如"非洲""无产阶级"等等，

---

[1] 刘洪波、李媛媛、刘潋．《基本演绎法》[M]．成都：四川文艺出版社，2020．

你不能说"非洲"所指的不是"洲"的其他地方,"非洲"是一个正概念,"非"在这里并不表达否定意义。

**按照是否反映客观实体进行的分类**

有的概念反映的对象是客观存在的具体事物,而有的概念反映的则是某些属性,我们把前者叫作实体概念,后者称为抽象概念。

1. 实体概念:实体概念是反映客观存在的具体事物的概念,[1]或可称为事物概念。这种概念所反映的对象是客观世界中存在的具体事物,有我们通过感官看得见、摸得着、嗅得到的具体形态、颜色、大小、重量、气味等等。如:山川河流、花鸟鱼虫、国家、书籍、石头、树木等,它们都具有通过我们的感官能够感受到的属性,其外延是客观世界中具体的事物,因此,反映它们的概念就是实体概念。

2. 抽象概念:抽象概念是反映某些属性的概念,[2]也称为"属性概念",其外延并不是客观存在的具体事物,而是某些事物的属性,或者说是某种现象。但是,抽象概念并不是空概念,其外延同样是客观存在的,只不过由于这些概念所反映的是某种现象,因此,我们无法通过感官感受到它们的形态、颜色、大小、重量、气味等外在属性。如:谦虚、伟大、善良、落后、虚伪、奸诈、聪明、智慧等,这些都是客观存在的现象,是关于某客观事物的属性,但是,我们无法通过感官感受到其形态、颜色、大小、重量、气味等外在属性,这样的概念就称为抽象概念。

在实际的语词使用中,我们不能混淆实体概念和抽象概念,毕

---

[1] 苏天辅.《形式逻辑》[M].北京:中央广播电视大学出版社,1984.
[2] 苏天辅.《形式逻辑》[M].北京:中央广播电视大学出版社,1984.

竟实体概念的对象是客观存在的具体事物，抽象概念的对象是现象、是属性，两者是完全不同的。如：我的领导是一个功利主义。这句话就混淆了实体概念和抽象概念，"功利主义"不是一个具体对象，它不能作为"我的领导"的外延，因此，"功利主义"必须更换成"功利主义者"这个具体对象，才能保证这句话的正确。再如：①张三忠诚老实；②张三是忠诚老实。"忠诚老实"是抽象概念，是一种属性，因此，例①是正确的，它揭示的是张三具有忠诚老实的属性；例②则不正确，它揭示的应该是张三所具有的属性，而不是张三是这个属性，所以，应该改成"张三是忠诚老实的人"。即不能把抽象概念当成实体概念来使用。

概念的种类当然不仅仅只有以上几种，前面的只不过是比较常见的四种类别而已。对概念进行分类的目的，并不是要求我们掌握概念的类别本身，而是提醒我们在运用概念的时候，要透过表达概念的语词，深刻领会概念真正的内涵和外延。

## 概念间的关系

客观世界中的事物与事物之间、现象与现象之间存在着各种各样的关系，那么，反映事物和现象的概念之间也就存在着各种各样的关系，这些关系有的简单，有的复杂，但是，逻辑学不可能从所有方面去研究概念间存在的各种关系，而一般只是从概念的外延和内涵方面研究概念间的关系。

形式逻辑往往根据概念间的外延关系来明确概念，因此，也通过概念的外延对概念间的关系进行分类。按照概念的外延，我们通常把概念间的关系分为相容关系和不相容关系两大类。

**相容关系**

两个概念的外延如果至少有一个是相同的，那么这两个外延之间的关系就称为相容关系；也就是说，如果两个概念至少有一个共同的元素，那么这两个概念之间的关系就是相容关系。[1]

根据两个概念的外延相同的数量，形式逻辑把相容关系分为三类：

1.全同关系：如果两个概念的外延完全相同，那么，这两个概念之间的关系就是全同关系。我们用 A 和 B 表示两个不同的概念，用 a 和 b 分别表示它们的外延，如果所有的 a 都是 b，同时，所有的 b 都是 a，那么 A 和 B 之间的关系就是全同关系。

> 例：<u>亚里士多德</u>是古希腊伟大的思想家，<u>这位柏拉图的学生</u>不仅在哲学、教育学和科学研究上卓有建树，并且在总结前人研究成果的基础上，第一次全面、系统地讨论了逻辑的各种主要问题，创建了"形式逻辑"这门学科，被后世称为"<u>逻辑之父</u>"。

这里提到了三个概念——"亚里士多德""这位柏拉图的学生"和"逻辑之父"，这三个概念的外延都是"亚里士多德"这个人，也就是说，这三个概念的外延是完全相同的，它们之间的关系就叫作"全同关系"，也叫"同一关系"。具有全同关系的概念实际上是人们对同一对象不同角度反映的结果，"亚里士多德"是名字方面的反映，"这位柏拉图的学生"是师承方面的反映，"逻辑之父"则是后人对反映对象的尊称。

---

[1] 苏天辅.《形式逻辑》[M].北京：中央广播电视大学出版社，1984.

由于概念都需要用语词来表达，因此，具有全同关系的概念从语词的角度看，实际上就是"同义词"。如果我们用 A 和 B 分别表示具有全同关系的两个概念，那么这两个概念间的关系就如图 2—1 所示。

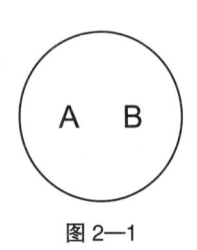

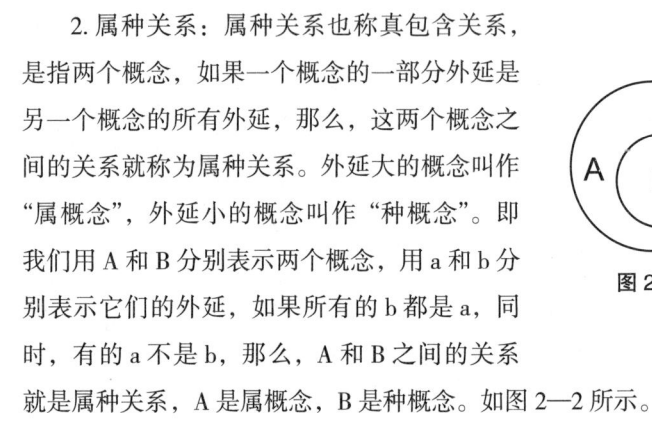

图 2—1

2. 属种关系：属种关系也称真包含关系，是指两个概念，如果一个概念的一部分外延是另一个概念的所有外延，那么，这两个概念之间的关系就称为属种关系。外延大的概念叫作"属概念"，外延小的概念叫作"种概念"。即我们用 A 和 B 分别表示两个概念，用 a 和 b 分别表示它们的外延，如果所有的 b 都是 a，同时，有的 a 不是 b，那么，A 和 B 之间的关系就是属种关系，A 是属概念，B 是种概念。如图 2—2 所示。

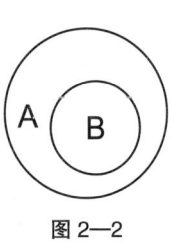

图 2—2

　　三角形是一种几何图形，以三条直线相互连接后产生三个角而形成，如果构成三角形的三条直线长度不同，那么，产生的三个角也不相同，但三角之和始终等于 180°；等边三角形是指构成三角形的三条直线长度完全相同，其形成的三个角也是完全相同的三角形，其每个角都是 60°。

这段话中包括两个概念"三角形"和"等边三角形"，"等边三角形"是"三角形"中的一种，除此而外还有"直角三角形""钝角三角形"等等，"等边三角形"只是"三角形"的部分外延，而并不是其所有外延，因此，"三角形"和"等边三角形"这两个概念之间的关系就是"属种关系"，"三角形"（A）是属概念，"等边三角形"（B）是种概念。

3. 种属关系：种属关系也叫作真包含于关系，是指两个概念，如果一个概念的全部外延是另一个概念外延的一部分，那么，这两个概念之间的关系就叫作种属关系。同样，外延大的概念是"属概念"，外延小的概念是"种概念"。即我们用 A 和 B 表示两个概念，用 a 和 b 分别表示它们的外延，如果所有的 a 都是 b，同时，有的 b 不是 a，那么，A 和 B 之间的关系就是种属关系，A 是种概念，B 是属概念。如图 2—3 所示。

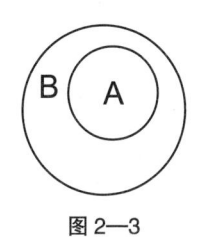

图2—3

猎豹是非常凶猛的食肉类动物，在捕猎时，这种猫科动物的短途冲刺时速可以高达 115 千米，就算一个奔跑速度非常快的人与之进行百米比赛，猎豹可以让人先跑 50 米，然而最后先到达终点的肯定不会是人。

这段话里有两个概念"猎豹"和"猫科动物"，猫科动物的外延包括了猫、老虎、狮子、猞猁等等，"猎豹"只是猫科动物的一个种类。根据动物分类学，所有的猎豹都是猫科动物，而猫科动物中却不仅仅只有猎豹，因此，概念"猎豹"与"猫科动物"之间的关系就是种属关系，"猎豹"（A）是种概念，"猫科动物"（B）是属概念。

4. 交叉关系：交叉关系也称为部分重合关系，是指两个概念，如果它们有一部分外延相同，同时，有一部分外延不相同，那么这两个概念之间的关系就是交叉关系。即我们用 A 和 B 表示两个概念，用 a 和 b 分别表示它们的外延，如果有的 a 是 b，有的 a 不是 b；

同时，有的 b 是 a，有的 b 不是 a；那么概念 A 和 B 之间的关系就是交叉关系。如图 2—4 所示。

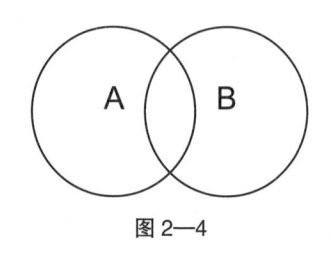

图 2—4

无数革命先烈为了中华民族的解放，献出了自己的鲜血和生命；无数的中国共产党人为了新中国的诞生倒在了枪林弹雨的战场，倒在了敌人的屠刀之下，倒在了带领中国人民奔向光明的路上；那么，我们还有什么理由不珍惜今天这来之不易的幸福与和平呢？

我们来看这段话中包含的两个概念"革命先烈"和"中国共产党人"，"革命先烈"中有的是中国共产党党员，即"中国共产党人"，有的则不是中国共产党党员；同样，有的"中国共产党人"是"革命先烈"，有的则不是"革命先烈"；因此，"革命先烈"和"中国共产党人"这两个概念之间的关系就是"交叉关系"。

**不相容关系**

两个概念的外延完全不相同，即没有一个共同的分子，那么，这两个概念之间的关系就叫"不相容关系"。即我们用 A 和 B 表示两个概念，用 a 和 b 分别表示它们的外延，如果所有的 a 都不是 b，同时，所有的 b 都不是 a，那么，概念 A 和 B 之间的关系就是不相容关系。如图 2—5 所示。

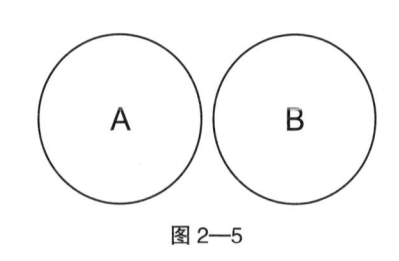

图 2—5

按照《中华人民共和国宪法》规定，凡具有中华人民共和国国籍的人都是中国公民。由于我们国家不承认双重国籍，因此，一旦你申请并获得了外国国籍，就意味着你主动放弃中国公民的身份，那么，你就不再是中国公民，而是华裔外国人了。

我们来看这段话中包含的两个概念"中国公民"和"华裔外国人"，没有任何一个"中国公民"是"华裔外国人"，同时，没有任何一个"华裔外国人"是"中国公民"；概念"中国公民"和"华裔外国人"之间的关系就是不相容关系。

不相容关系又称"全异关系"，所谓"全异"其实就是指两个概念的外延完全不同。全异关系有两种：

1. 对立关系：所谓对立关系，是指两个概念的外延完全不同，同时，这两个概念的外延相加小于它们的最邻近的属概念外延，那么，这两个概念之间的关系就叫作"对立关系"；或者说，同一个属概念下有若干个（三个或三个以上）种概念，那么，这些种概念之间的关系就是对立关系。我们用 A 和 B 表示两个概念，用 a 和 b 分别表示它们的外延，用 F 表示 A 和 B 最邻近的属概念，用 f 表示属概念 F 的外延，如果所有的 a 都不是 b，同时，所有的 b 都不是 a，并且 a 与 b 之和小于 f（$a+b<f$），则概念 A 和 B 之间的关系就是对立关系。如图 2—6 所示。

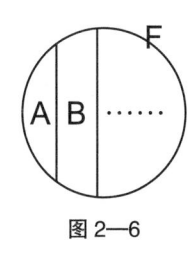

图 2—6

李四养了两只可爱的小狗，一只是黄色的博美犬，一只是雪白的泰迪犬。

这句话中包括了"小狗""博美犬"和"泰迪犬"三个概念，"小狗"是"博美犬"和"泰迪犬"邻近的属概念，"博美犬"和"泰迪犬"是"小狗"的种概念，"小狗"中不仅有"博美犬"和"泰迪犬"，还有"京巴犬""斗牛犬""腊肠犬"等等，因此，概念"博美犬"与"泰迪犬"的外延之和小于它们邻近的属概念"小狗"的外延，所以，概念"博美犬"与"泰迪犬"之间的关系就是对立关系。

2. 矛盾关系：如果两个概念的外延完全不同，同时，这两个概念的外延之和等于它们最邻近的属概念外延，那么这两个概念之间的关系就叫作"矛盾关系"；即同一个属概念下有且只有两个外延完全不同的种概念，这两个种概念之间的概念就称为"矛盾关系"。我们用 A 和 B 表示两个概念，用 a 和 b 分别表示它们的外延，用 F 表示 AB 两个概念最邻近的属概念，用 f 表示属概念 F 的外延；如果所有的 a 都不是 b，同时，所有的 b 都不是 a，并且 a 与 b 之和等于 f（a+b=f），则概念 A 和 B 之间的关系就是矛盾关系。如图 2—7 所示。

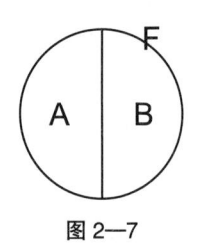

图 2—7

中国人通常把外国人称为"老外"，这是一个并无褒义或贬义，非常中性的称谓，在中国这几乎是一个约定俗成的叫法，连在中国的外国人都已经习惯并认可了这种称呼，我们不知道其他国家是不是对别的国家的人也用这个称谓。

这段话中有"中国人"和"外国人"两个概念，他们邻近的属概念是"人"，"中国人"和"外国人"的划分一般是以是否具有中国国籍为依据的，由于我国不承认双重国籍，按照这个规定，概念"中国人"和"外国人"的外延是完全不同的,并且他们的外延之和等于其邻近的属概念"人"的外延,即除"中国人"以外的"人"都是"外国人";因此,概念"中国人"和"外国人"的关系就是"矛盾关系"。

对于矛盾关系,在逻辑学界存在不同观点,有的人认为:两个外延不同的概念,只要它们的外延之和等于邻近的属概念外延,这两个概念就是具有矛盾关系的概念。[1]另一种观点认为:同一个属概念下的两个种概念,其中一个概念的内涵是以否定另一个概念的内涵而构成,那么这两个概念之间的关系才是矛盾关系。[2]

例如:"中国人"和"外国人"这两个概念,第一种观点认为,按照国籍的划分,他们具有完全不同的外延,并且已经包括了邻近属概念"人"的所有外延,因此,这两个概念间的关系应该就是矛盾关系。第二种观点则认为,就算"中国人"和"外国人"已经包括了"人"的所有外延,但他们之间也不是矛盾关系,只有"中国人"和"非中国人"之间才是矛盾关系,哪怕"非中国人"其实就是"外国人",矛盾关系也只存在于"中国人"和"非中国人"之间,而不能存在于"中国人"和"外国人"之间。

其实,作者认为,第二种观点可能是为了避免出现对客观对象认识的不够深入,并由此产生思维不准确的情况而做出的规定。以前述为例,"中国人"和"外国人"之间是不是还有第三种状态,即既非"中国人"也非"外国人"的情况?用"中国人"和"非中国人"则可避免这种情况的发生。不管哪一种看法,有一点是毋庸置疑的,同一个属概念下的两个种概念,如果其中一个概念的内涵

---

[1]《普通逻辑》(修订本)[M].上海:上海人民出版社,1987.
[2] 苏天辅.《形式逻辑》[M].北京:中央广播电视大学出版社,1984.

是以否定另一个概念的内涵而构成，那么这两个概念的外延之和必然等于它们邻近的属概念外延。一般来说，如果一个属概念下有且只有两个外延完全不同的种概念，那么这两个种概念之间的关系就是矛盾关系；如果有三个或者三个以上外延完全不同的种概念，那么矛盾关系则必然只存在于一个肯定概念和一个否定该概念内涵而构成的负概念之间。

①"学生"这个属概念，按照性别有"男学生"和"女学生"两个外延完全不同的种概念，由于这两个种概念的外延之和等于"学生"的外延，因此，概念"男学生"和"女学生"之间的关系就是矛盾关系；②"动物"这个属概念下，有"飞行动物""爬行动物""海洋动物"等许多外延不同的种概念，它们之间的关系应该是对立关系，要构成矛盾关系就只能是其中一个种概念和否定这个种概念的内涵而形成的负概念，比如"爬行动物"和"非爬行动物"。

此外，还有人认为汉语言中的反义词，所表达的就是矛盾关系。这种观点显然是不正确的。构成矛盾关系的首要条件是，两概念外延之和必须等于它们邻近的属概念外延。比如："黑"的反义词是"白"，但"黑"和"白"并不是它们邻近的属概念"颜色"的所有外延，因此，这两个概念之间具有对立关系，而不具有矛盾关系。在"颜色"这个属概念下，与种概念"黑"具有矛盾关系的概念只能是"非黑"，这两个概念的外延之和等于属概念"颜色"的外延。

综上，概念间的关系我们可以用五个图形来表示：

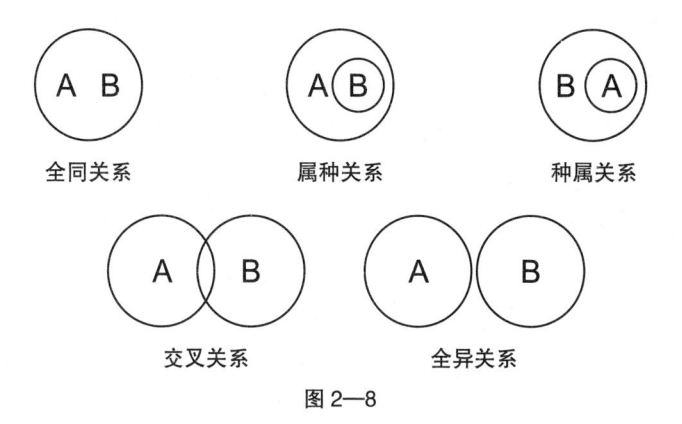

全同关系　属种关系　种属关系

交叉关系　全异关系

图2—8

这五个图形叫作欧勒图，如图2—8所示。我们一般用欧勒图表示两个概念之间的关系，也可以用类似图形表示两个以上概念间的关系。如图2—9所示。

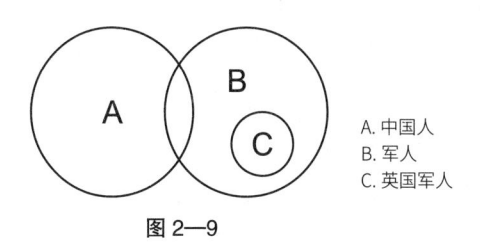

A. 中国人
B. 军人
C. 英国军人

图2—9

## 定义

"给概念下一个定义"，这是我们在课堂上经常听到老师说的一句话。作者看过一档比较火的综艺节目，其中多次听到"我们不定义女生"这样一句话。那么，什么叫作定义呢？对这个问题，老师也未必能够准确地回答出来，也就是说，他们未必能够给"定义"

这个概念下一个定义。

给概念下定义，必须按照科学的方法，同时结合该定义的本质属性才能完成。一般学科都只是简单、直接给出概念的定义，而不说明该定义是怎样得出的，也就是只说其"然"，不说其"所以然"；只有逻辑学专门深入研究下定义的方法，并总结出下定义"所以然"的相关公式，为各门学科在给概念下定义时，提供了逻辑工具。

我们要给概念下定义，首先必须要知道"什么是定义"，即给"定义"下一个定义。逻辑学认为：定义是揭示概念内涵的逻辑方法。具体地说，给概念下定义，是通过明确概念的特有属性，从而使该概念对象与其他类似对象区别开来的一种揭示概念内涵的逻辑方法。[1] 对这个定义，逻辑学界稍有分歧的是：定义到底明确的是"特有属性"还是"本质属性"？其实对此不必纠结，当我们对对象的认识还不够深入的时候，所形成的概念还只是"一般概念"，这时定义明确的就只能是"特有属性"；当我们已经认识到对象的本质后，所下定义明确的就必然是"本质属性"。

定义由被定义项、定义项和定义联项三个部分构成，被定义项是指被下定义的概念，定义项是用来揭示概念内涵的部分，定义联项是用来联结被定义项和定义项的语词。

> 刑事犯罪现场是指犯罪分子作案的地点和留有同犯罪有关的痕迹物证的一切场所。

这是对"刑事犯罪现场"这个概念所下的定义，这个定义中

---

[1] 苏天辅.《形式逻辑》[M].北京：中央广播电视大学出版社，1984.

的"被定义项"是"刑事犯罪现场","定义项"是"犯罪分子作案的地点和留有同犯罪有关的痕迹物证的一切场所","定义联项"是"是"。"定义联项"必须要用肯定词来表达,如:"是""是指""即""就是"等等,如果用否定词表达,则只能说明被定义概念不具有某种属性,而不能揭示被定义概念的内涵,与定义的目的相悖。

给概念下定义时,被定义项和定义联项都是清楚明白的,而需要明确的是定义项的部分,那么,定义项又是怎样构成的呢?这就涉及定义的方法;也就是说,给概念下定义,实际上就是要准确地表达出定义项的部分。形式逻辑将定义分为事物定义和语词定义两种:

事物定义的定义项由"种差"加"邻近属"构成。所谓种差,是指被定义概念与同一个属概念下的其他种概念的"差别",或者叫作"区别";"邻近属"是指被定义概念邻近的属概念。事物定义也叫科学定义,我们以"种差+邻近属"得到定义项的方法,所做出的定义就是事物定义。

人是具有抽象思维能力,能制造和使用劳动工具的动物。

这个定义就是事物定义,"人"是被定义项,"是"是定义联项,定义项是"具有抽象思维能力,能制造和使用劳动工具的动物"。定义项中"动物"是"人"的属概念,在这个"属概念"下有许许多多的种概念,如:狮子、猴、牛、鸡、鱼等等,但除"人"以外的其他动物或不能制造和使用劳动工具,或没有抽象思维能力,因此,"具有抽象思维能力,能制造和使用劳动工具"就成为"人"与其他动物的"差别",即"种差";我们以这个"种差"加上"动物"这个属概念,就形成了"具有抽象思维能力,能制造和使用劳动工具的动物"这个定义项,再加上被定义项"人"和定义联项"是",就得到完整的关于"人"这个概念的科学定义。

语词定义是对表达概念的语词进行说明或规定,并以此达到揭示概念内涵的目的的一种方法。虽然语词定义不是科学定义,但不能就此说语词定义不科学,而是有的概念比较特殊,在用某个语词进行表达时,人们可能不了解这个语词的意义,于是就需要对这个语词进行说明或规定,以让人们认识这个语词的真正含义,从而明确概念的内涵。

① 赵小娟是我们学校的三好学生。

"三好学生"就是需要进行解释的概念,"学生"是没有歧义的,关键是什么是"三好";这里所说的"三好"显然不是"吃得好、玩得好、睡得好","三好学生"的"三好"被规定为"思想品德好、学习好、身体好",也就是说,"三好学生"是指思想品德好、学习好、身体好的学生。

② "乌托邦"是一个希腊词汇,按照希腊文的意思,"乌"是指没有,"托邦"指地方。那么,乌托邦就是指一个空想的、虚构的、没有的地方。[1]

这里对"乌托邦"这个词的解释就是通过说明的方式,来揭示概念"乌托邦"的内涵,同样是语词定义。

--------
[1]《普通逻辑》(修订本)[M].上海:上海人民出版社,1987.

例①是对"三好"内涵的规定,这种定义称为"规定语词定义";例②是对"乌托邦"语词意义的说明,这种定义称为"说明语词定义"。

> 当前我们经常说,中国人要坚定"四个自信"。什么是"四个自信"?"四个自信"就是"道路自信、理论自信、制度自信和文化自信"。

这个对"四个自信"的定义,就是"规定语词定义"。

在对概念下定义的时候,不仅要掌握下定义的方法,而且还要遵守定义的规则,任何违反规则的定义,都是错误的定义,都不能准确地揭示概念的内涵。

### 规则一:定义不能循环

所谓定义不能循环,就是说定义项中不能直接或间接地包含被定义项。在定义中,被定义项是意义不明确的概念,定义项就是用来明确被定义项意义的,如果定义项中包含了被定义项,实际上就是用意义不明的部分来明确意义不明确的概念,这样达不到明确概念内涵的目的,因此,在给概念下定义的时候,定义项中不能包含被定义项。

> 逻辑学就是专门研究逻辑的科学。

"逻辑"就是意义不明确的概念,我们需要通过定义的方法,来揭示其内涵,然而在上例中,定义项里面包含了"逻辑"这个概念,而并没有说明"逻辑"到底是什么,因此,达不到揭示"逻辑"这个概念内涵的目的，不是正确的定义，这是"同语反复"的错误。

还有一种违反"定义不能循环的规则"的情况叫作"循环定义"。

> 诉讼就是打官司，所谓打官司就是诉讼。

"诉讼"是需要明确其意义的概念，此例用"打官司"来对其进行解释，但由于"打官司"似乎也是意义不明确的概念，因此，又用"诉讼"来明确"打官司"的意义，最终还是达不到揭示"诉讼"这个概念内涵的目的，这就是"循环定义"的错误。

无论是"同语反复"还是"循环定义"，都是违反定义规则的，都达不到明确概念内涵的目的。

**规则二：定义必须相应相称**

定义必须相应相称，是说被定义项和定义项应该指的是同一个对象，被定义概念和定义项的部分外延要完全相同；如果被定义概念和定义项的外延不相同，那么所指的就不是同一个对象，这时，定义项所揭示的就不是被定义概念的内涵，就没有达到定义的目的。

> 思想是客观对象在人们头脑中的反映。

这句话本身没有问题，但它不是定义。"思想"的确是客观对象在人们头脑中的一种反映，但在人们头脑中的反映并不都是"思想"，比如"感觉""感知""知觉"等客观对象都可以反映在人们头脑中，但它们却不是思想；也就是说，定义项"客观对象在人们头脑中的反映"的外延大于被定义项"思想"的外延，两者指的不是同一个对象，这种错误叫作"定义过宽"。

  人是具有辩证思维能力的动物。

  虽然"具有辩证思维能力的动物"肯定是"人"，但并不是每一个"人"都"具有辩证思维能力"，很明显，概念"人"的外延大于"具有辩证思维能力的动物"的外延，即被定义项的外延大于定义项的外延，两者所指同样不是同一个对象，同样达不到明确被定义概念内涵的目的，这种错误叫作"定义过窄"。
  无论"定义过宽"还是"定义过窄"，都是违反定义规则的，被定义项和定义项所指的都不是同一个对象，都不能准确揭示概念的内涵，都达不到定义的目的。

**规则三：定义不能用否定形式**
  定义不能用否定形式，是说定义联项只能用肯定性语词，不能用否定性语词。定义是用来揭示概念内涵的逻辑方法，应该直接而准确地说明被定义概念的内涵"是什么"；如果使用否定形式，则只能说明被定义概念的内涵"不是什么"，从而不能直接揭示被定义概念的内涵，因此，不能把表达"不是什么"的否定形式当成表达"是什么"的定义。

  谦虚不是用来显摆的一种高尚的品德。

  这个语句就不是定义，它只说明了"谦虚"不是用来显摆的，但"谦虚"到底是什么？它与其他"品德"的种差在哪里？在这个语句中没有表达出来，没有直接揭示"谦虚"这个概念的内涵，起不到定义的作用。

**规则四：定义必须清楚确切**

定义是用来揭示概念内涵的，必须用人人都明白的语言直接表明被定义概念的内涵属性，不能在定义项中包含晦涩难懂的语词和意义不明确的概念。

①生命是通过塑造出来的模式化而进行的新陈代谢。[1]

②批判性思维就是通过思维的嗅觉，进而重塑思维的一种智力模具。它是一种思想技能和思想态度，没有学科边界，任何涉及智力的论题都可从批判性思维的视角来审查。[2]

例①是杜林给生命下的定义，在这个定义中就包含了晦涩难懂的语词，"塑造出来的模式化"是什么？我们很难明白其所要表达的意义，没有正面揭示概念"生命"的内涵。

例②是作者在同一个朋友闲聊时，这个朋友给"批判性思维"下的定义，这个定义同样包含了如"思维的嗅觉""重塑思维""智力模具""思想技能"等等意义不明确的概念，我们无法通过这个语句了解"批判性思维"的确切内涵，因此，它不是定义。

如果在定义项中包含晦涩难懂的语词或意义不明确的概念，那

---

[1] 苏天辅.《形式逻辑》[M].北京：中央广播电视大学出版社，1984.
[2]《普通逻辑》（修订本）[M].上海：上海人民出版社，1987.

么就不能达到直接揭示概念内涵的目的,因此,定义中定义项的语言必须是清楚确切的。

**规则五:定义不能用比喻**

定义是用来揭示概念内涵的方法,而比喻是一种运用具体事物去形象地对某对象进行描述的修辞方法。比喻不是正面的直接揭示,只是以描述代替说明。

教师是蜡烛,燃烧自己照亮别人。

这不是定义而是比喻,将"教师"比喻成蜡烛,把教师的工作性质进行了形象的描述,虽然很生动,也能烘托出一定的意义,但却没有准确而直接地揭示"教师"的内涵,因此,这不是定义。如"记忆是心灵的蜡板""建筑是凝固的音符"等都是比喻,而不是定义。

上述五条规则,是我们在给概念下定义时必须遵守的,违反其中任何一条规则都不能准确地揭示概念的内涵,当然,仅仅遵守这些规则还是不能保证做出的就是科学定义,只有在遵守规则的基础上,结合相关学科的科学原理,深刻把握概念对象的特有属性和本质属性,所下的定义才是科学定义,同时,还必须保证定义的语言精练与准确。定义的规则虽然并不能保证定义的科学性,但却是定义形式正确的基本前提。

在日常思维和表达中,甚至在有些学术研究中,人们往往不太重视对概念的定义,一些口头和书面表达的常用词汇,也很少有人去关注语词后面的概念内涵。有这样一个小故事:

一个学生在上思想理论课时举手要求提问，得到老师同意后，学生问："老师，马克思主义的'主义'是什么意思？"老师顿时张口结舌、不知所措。对于教授思想理论课的老师来说，"马克思主义"是经常挂在嘴边的概念，但他从来没有认真去查阅过"主义"这个概念的定义，当然也没有想到会有学生提出这样的问题，自然无法回答学生的提问。

我们经常使用并很少关注其内涵的词汇有很多，如：主义、意识形态、理念、逻辑、演绎、权利、权益、领域、素质等等，比如：有人说你没有素质，如果你反问"什么是素质？"估计他十之八九回答不上来。因此，我们不仅应该能够准确使用概念，并且还应该清楚我们所使用的概念的定义。

有的语句从形式上看很像定义，但却并没有对概念内涵做正面的直接揭示，我们把这种语句称为"类似定义"。

　　人民就是保证国家安全的铜墙铁壁。（比喻）
　　张老是一位满头白发、精神矍铄的睿智长者。（描述）
　　三相电包括火线、地线和零线。（包含）
　　太一是中国哲学术语。"太"是至高至极的意思，"一"是指绝对唯一；"太一"是老子"道"的别称，《庄子·天下》称老子之学"主之以太一"。（解词）

以上类似定义的语句不是定义，之所以称为"类似"，就是说这类语句从语言形式上像定义，也能反映出对象的部分属性，但却不是对象概念的内涵的直接揭示。在实际应用中，我们要学会区别定义与类似定义。

## 划分

"对……进行划分"也是我们经常听到的一句话,但是,什么叫"划分"?怎样进行划分?这些则未必是大家都知道的。

划分是一种逻辑方法,这种方法是用来明确概念外延的。我们按照一定的标准,把一个概念邻近的种概念区分出来,以明确概念的外延,这种方法就叫划分。[1]

如:概念分为普遍概念、单独概念和空概念。这就是对概念进行的划分,这个划分的依据是"概念的外延数量"。

划分由三个部分构成:划分的母项、划分的子项和划分的依据。划分的母项是被划分的概念,如上例中的"概念";划分的子项是划分母项后得到的新概念,如上例中的"普遍概念""单独概念""空概念";划分的依据就是据以进行划分的标准,如上例据以进行划分的标准是"概念的外延数量"。由此,我们可以看出,划分的母项和子项之间的关系,实际上就是属概念和种概念的关系,各子项之间是一种并列的关系。

对于划分来说,母项、子项和依据这三个部分缺一不可,缺少母项就没有划分的对象,无法进行划分;缺少子项,就没有进行划分;如果缺少划分的依据,就无法进行划分。

划分有三种形式:一次划分、连续划分和复分。

一次划分:是根据一个标准,对一个概念划分一次。如:工业分为轻工业和重工业。

连续划分:是将母项分为子项后,又以某一个子项为母项,再次进行划分。如:逻辑分为形式逻辑和辩证逻辑,形式逻辑又分为

---

[1]《普通逻辑》(修订本)[M].上海:上海人民出版社,1987.

传统逻辑和现代逻辑。

复分：是根据不同的依据，对同一个概念进行多次划分。如：根据国籍不同，人分为中国人和外国人；根据性别不同，人分为男人和女人；根据时间不同，人分为古人和今人。

有一种特殊的一次划分叫作"二分法"，它是把母项分为两个子项，其中一个子项的内涵是以否定另一个子项的内涵而构成，这两个子项之间必然地存在着矛盾关系。如：中国青年分为共青团员和非共青团员。对概念进行划分，一般在下面两种情况下使用"二分法"：其一，当我们只需要了解被划分概念的某一个种概念时；其二，当我们只知道被划分概念的某一个种概念，但又必须对被划分概念进行划分时。"二分法"是最简单的划分，所谓"一分为二"指的实际上就是"二分法"。

在对概念进行划分时也必须遵守规则，划分的规则一般有四条。

**规则一：子项必须相斥**

划分是将母项概念的种概念一个个分出来，因此，要求分出来的子项概念之间必须是全异关系，如果子项间的关系是相容的，就达不到划分的目的，或者说就是错误的划分。

> 当下有一句女博士们自我调侃的话——世界上有三种人，男人、女人和女博士。

"女博士"显然是"女人"中的一部分，与"女人"之间是种属关系，这个划分是错误的划分。当然，这仅仅是一句调侃语，我们也没必要过于认真地去纠结其中的逻辑正谬，不过如果作为划分，其错误还是显而易见的，这种错误称为"子项相容"。

**规则二：每次划分只能有一个依据**

如果每次划分有多个依据，就极有可能造成子项相容的情况，从而达不到划分的目的。

> 某集会组织者说："今天参加集会的人很多嘛，你们看，男的、女的、老的、少的、高的、矮的、胖的、瘦的都有。"

我们知道"男人"中有老、少、高、矮、胖、瘦，"老人"中有男、女、高、矮、胖、瘦，这一个划分同时使用了多个划分依据。将"人"分为"男、女"，依据是性别；分为"老、少"，依据是年龄；分为"高、矮"，依据是身高；分为"胖、瘦"，依据是体形；把"人"分为"男、女、老、少、高、矮、胖、瘦"是不正确的，犯"多标准划分"的错误。

**规则三：划分应当相应相称**

划分要求母项外延要等于子项外延之和，如果子项外延之和小于母项外延，那么，就说明遗漏了子项，划分不完全，称为"划分过窄"；如果子项外延之和大于母项外延，说明多出了子项，称为"划分过宽"。

例：①按照肤色，人分为黄色人种、白色人种和黑色人种。这个划分就遗漏了子项——"棕色人种"，即划分过窄。

例：②动物有禽类、兽类、水生类和细菌。这个划分就多了"细菌"这个子项，即划分过宽。

**规则四：划分不能越级**

划分是将母项概念邻近的子项分出来，而不能直接分成子项的子项，划分要求诸子项必须是同级并列的概念。如果划分出来的子项不是母项邻近的种概念，或者子项之间不是同级并列的概念，就违反了这条规则，称为"越级划分"。

　　人有欧洲人、非洲人、大洋洲人、中国人、日本人、朝鲜人、越南人等等。

这个划分就是越级划分，"中国人""日本人""朝鲜人""越南人"与"欧洲人""非洲人""大洋洲人"不是同级概念，与"欧洲人""非洲人""大洋洲人"同级的概念是"亚洲人"，所以，这个划分是混乱的，是错误的划分。

有的方法与划分很像，但却不是划分，我们将这些方法称为"类似划分的方法"。

例：①树分为树枝、树干、树根、树叶等。这是把整体分为构成整体的各个部分，这种方法叫"分解"。

②公安机关包括公安部、公安厅、公安局、公安分局、派出所等。这是把公安机关的隶属关系反映出来，表达的是上下级关系，不属于划分。

③学习的全过程就是提出问题、分析问题和解决问题的过程。这是把学习过程的步骤一一列举出来，这种方法叫"排列"。

类似划分的方法还有许多，但无论是分解、排列或是隶属关系，都不是划分。区别是不是划分，可以用一个非常简单的方法，即看 S 是不是 P，这里的 S 表示分出来的概念，P 表示被分概念。如果 S 是 P，那么就是划分；如果 S 不是 P，那么就不是划分。例如：人分为欧洲人、非洲人、大洋洲人、亚洲人等。"人"用 P 表示，"欧洲人、非洲人、大洋洲人、亚洲人"用 S 表示，S 是 P 成立，这是划分。

树分为树枝、树干、树根、树叶等。"树"用 P 表示，"树枝、树干、树根、树叶"用 S 表示，S 是 P 不成立，因此这不是划分。

但要注意的是，这个方法一般对于子项间属于"隶属关系"的情况不尽适用。

前面说过，所谓明确概念就是明确概念的外延和内涵，我们在这里介绍了概念的种类、概念间的关系、定义和划分，其目的也是为了更好地明确概念，可能许多人看了上面的介绍，会觉得明确概念并不难。的确，明确概念并非特别困难，但是，却也不如我们想象中那么简单，往往你认为对某概念的外延、内涵已经很明确了，可事实上却相距甚远。

中国春秋战国时期的政治家、哲学家、名家学派的开山鼻祖和主要代表人物惠施有一个著名的"连环可解"的论述，我们可以从其中引申出一个关于概念的有趣的说法——穿环而过。在此我们不详细介绍"连环可解"的来龙去脉，也不复述该论述，只将"穿环而过"这个说法摘出来，用现代的语言进行一点延伸解读。

什么叫"穿环而过"呢？环指称的是一个环形、中空的物体，我们提到"环"这个物体时，指的是环形的实体，而不包含环中空的部分；"穿环而过"则是指将某个物体从"环"的中空部分穿过，这是我们储存在大脑记忆中的经验性知识。就此，理性思维会问：这真的就是"穿环而过"吗？而经验思维当然会反问：难道这有什么不对吗？因此，这里就涉及"环"这个概念，当真正明确了"环"这个概念，我们的经验思维便可能被颠覆。

把环放在空气中,环的中空部分是空气;把环放在水中,环的中空部分是水。环的环境不同,环的中空部分也不同,假如环包含了中空部分,那么同一个环在空气中和在水中,就不是同一个对象了。因此,"环"并不包含环中空的部分。那么,"穿环而过"的意思就应该是从环的"环体"穿过;若从环的中空部分穿过,就不是"穿环而过",如果环在空气中,就是"穿空气而过";如果环在水中,就是"穿水而过",总之与环本身无关。

如此说来,是不是对我们原来"穿环而过"的经验性知识有所颠覆呢?其实,类似的问题还有很多,这是习惯性思维和理性思维有趣的碰撞,这种碰撞可以为我们学习逻辑学增添不少乐趣。

# 判断

"实践是检验真理的唯一标准。""小丽和小明是同学。""从小张的性格和体形来看,他或者是山东人,或者是辽宁人,或者是黑龙江人。""如果要尽快到达目的地,那么就要选择最合适的交通工具。"这四句话就是四个判断。

判断是由概念构成的思维形式,有的人将判断称为"命题",其实判断和命题还是有所区别的,只不过这是从事逻辑学、语言学专门研究的人应该去做的事,不了解判断和命题的异同,并不影响我们进行正确的思维。

判断与概念一样,都是思维形式,只不过因为它是由若干概念组成的，因此，在结构上要比概念复杂一些。只要是思维形式就离不开语言，就需要用语言来表达，表达判断的语言叫语句，语句是判断的外在表现形式，而判断是语句的思想内容，不依赖语句的判断是不可能独立存在的。

判断与语句之间的关系比较复杂，两者之间并不是一一对应的，一般来说，判断必须要用语句表达，而语句并非都表达判断。我们用语言中的单句为例，来简单介绍判断与语句的关系。

科学是人类进步的阶梯。这是一个陈述句，是表达判断的。

老张来了吗？这是疑问句中的设问句，不表达判断。

大学生难道就不应该刻苦学习吗？这是疑问句中的反问句，其包含的真正意义是"大学生是应该刻苦学习的"。它表达判断。

周末有一个聚会，请你一定准时参加。这是一个祈使句，不表达判断。

啊，长江！这是感叹句，不表达判断。

黄河啊，中华民族的摇篮！这也是一个感叹句，但它却是表达判断的。

对于复句来说，它们与判断的关系就更为复杂，不过复句总是由单句构成的，我们只需要认真分析其结构中的单句的情况，也就能够把握它们与判断的关系了。

## 什么是判断

那么，到底什么是判断，我们是以什么为根据来区分哪些语句表达判断，哪些语句不表达判断的呢？

逻辑理论认为，判断是对思维对象有所断定的思维形式。[1]什么叫"有所断定"？所谓"断定"就是肯定或者否定；有所断定，就是有所肯定，或者有所否定。当我们反映某思维对象具有某种属性，或思维对象间具有某种关系，这种反映就是对思维对象有所肯定；当我们反映某思维对象不具有某种属性，或思维对象间不具有某种关系，那么就是对思维对象有所否定；也就是说，判断就是反映思维对象具有或不具有某种属性、思维对象间具有或不具有某种关系的思维形式。

既然判断是对思维对象有所断定的思维形式，那么就是对思维对象情况的反映，这种反映有的是符合客观实际的，有的则不符合客观实际。符合客观实际的就是真的，不符合客观实际的就是假的。也就是说，有的判断是真判断，有的则是假判断，从这一点来讲，判断总是有真有假的，只不过，如何判别判断的真假却不是逻辑学的责任，而是相关学科的研究内容。

由此，我们知道，判断有两个特点，也称为两大逻辑特征：一是有断定，二是有真假。那么，无所谓（没有）断定或无所谓（没有）真假的语句，当然就不是判断。通常我们就是以判断的这两大逻辑特征，来辨别语句是不是判断。如前例：

科学是人类进步的阶梯。这个陈述句断定了对象"科学"具有"人类进步的阶梯"的属性，因此，这是判断。一般来说，陈述句都表达判断，当然还是有例外的情况，后面会进行专门介绍。

老张来了吗？这个设问句对于老张来没来没有进行断定，因此，它不是判断。由于设问句都没有断定，所以，设问句都不表达判断。

---

[1]《普通逻辑》(修订本)[M].上海：上海人民出版社，1987.

大学生难道就不应该刻苦学习吗？在这个反问句中，由于其真正意义是"大学生是应该刻苦学习的"。对"大学生"这个对象进行了断定，因此，它表达判断。反问句都是具有其内含断定的语句，所以，反问句是表达判断的。

周末有一个聚会，请你一定准时参加。祈使句是带有"请求"意味的语句，其中并没有任何的断定，因此，祈使句不表达判断。

感叹句是比较特殊的一种句型，有的感叹句没有对对象进行断定，而有的感叹句却包含了对对象的断定，因此，感叹句有的表达判断，有的不表达判断。"啊，长江！"这个感叹句没有任何断定，当然不表达判断；"黄河啊，中华民族的摇篮！"这个感叹句则包含了"黄河是中华民族的摇篮"这个断定，因此，它是判断。

以上是关于语句是否"有断定"的分析。判断的另外一个逻辑特征是"有真假"，只有"有真假"的语句才是判断，没有真假或者无所谓真假的语句就不是判断。比如，设问句和祈使句就没有真假，因此它们都不是判断。但是，虽然从"有断定"的这一个方面看，陈述句都对思维对象有所断定，应该是表达判断的，可是有的陈述句却没有真假，或无所谓真假，这样的陈述句当然不表达判断，这也是我们将陈述句与判断的关系表述为"陈述句一般表达判断"的原因。

上帝是长着络腮胡子的欧洲人。
鬼走路是没有声音的。

"上帝"是欧洲人吗？他是不是长了络腮胡子？"欧洲人""长着络腮胡子"是不是"上帝"的属性，没有人能够回答这样的问题，"上帝是长着络腮胡子的欧洲人"虽然是陈述句，也进行了断定，但这个语句却没有真假，因此，它不是判断。同样，"走路没有声音"到底是不是"鬼"的属性？同样没人能够做出回答，虽然也是陈述句，但其真假不能确定，所以也不是判断。

　　有的人可能会说，这个语句是假的，所以有真假，是表达判断的。估计说这话的人，是根据"上帝"和"鬼"是空概念而得出的结论。好，我们据此进行分析：如果认为"上帝是长着络腮胡子的欧洲人"这个断定是假的，那么反过来是不是说明"上帝不是长着络腮胡子的人"？或者"上帝不是欧洲人"？于是产生一个疑问：上帝到底有没有络腮胡子，或者上帝有没有胡子？如果上帝不是欧洲人，那么他到底是哪里的人？亚洲人？美洲人？同样，说"鬼走路是没有声音的"这个断定为假，那么就是说明"鬼走路是有声音的"，你确定？

　　举这两个例子的目的是告诉大家，陈述句虽然一般来说是表达判断的，但还是有例外的情况。不管是什么句型，只有既对思维对象"有断定"，同时该语句也"有真假"的语句才是判断。

## 判断的分类

> 儿童是祖国的花朵。
> 如果你不努力学习，那么就不能取得好成绩。

　　这是两个判断，从语言结构上来看，前面一个判断很简单，是一个单句；后面一个判断相对复杂，是一个复句。于是，逻辑学就根据构成判断的语句的繁简，把判断分为简单判断和复合判断。一般来说，简单判断只具有一个完整的意义，是不可以分的判断，而复合判断可能包含两个或两个以上的意义，是可以分的判断。

如上两例，前面一例断定的是"儿童"具有的一个属性，无法分开，如果强行分开则必然不可能成为判断；后例则可分为"你不努力学习"和"你不能取得好成绩"这样两个判断。

简单判断根据其断定的是对象属性或者对象间具有的关系，把简单判断分为直言判断和关系判断。

## 直言判断

1. 所有的共青团员都是年轻人。
2. 所有的花样游泳选手都不是男运动员。
3. 有的乔本植物是果树。
4. 有的大型动物不是胎生动物。

这是四个直言判断，它们断定对象具有或不具有某种属性，正因如此，这种判断也称为"性质判断"，逻辑学把这种断定思维对象具有或不具有某种属性的思维形式叫作"直言判断"。直言判断有的断定了对象的所有外延如例1、例2，有的断定了对象的一部分外延如例3、例4；有的断定了对象具有什么属性如例1、例3，有的断定了对象不具有什么属性如例2、例4。我们把断定对象所有外延的判断叫作"全称判断"，把断定了对象一部分外延的判断叫作"特称判断"；把断定对象具有什么属性的判断叫作"肯定判断"，把断定对象不具有什么属性的判断叫作"否定判断"。

分析以上四例，直言判断由四个部分构成，我们分别把这四个组成部分称为直言判断的"主项"（被断定的对象）、"谓项"（对象具有或不具有的属性）、"联项"（肯定或否定的语词）和"量项"（外延数量——全部或是部分）。

表达对象具有什么属性的联项叫作"肯定联项",表达对象不具有什么属性的联项叫作"否定联项";表达对象全部外延的量项叫作"全称量项",表达对象部分外延的量项叫作"特称量项"。"肯定联项"用"是""都是"表达,"否定联项"用"不是""都不是"表达;"全称量项"一般用"所有的""全部""凡"等等语词表达,"特称量项"一般用"有的""有些""大多数""少数""一部分"等等语词表达。

于是,我们把上述四个直言判断分别称为:1.全称肯定判断;2.全称否定判断;3.特称肯定判断;4.特称否定判断。

我们分别用 S 和 P 表示主项和谓项,用"A""E""I""O"分别表达"全称肯定""全称否定""特称肯定"和"特称否定",那么,四种直言判断就分别表达为:

1. 全称肯定判断:所有的 S 都是 P,即 SAP,也称 A 判断。

2. 全称否定判断:所有的 S 都不是 P,即 SEP,也称 E 判断。

3. 特称肯定判断:有的 S 是 P,即 SIP,也称 I 判断。

4. 特称否定判断:有的 S 不是 P,即 SOP,也称 O 判断。

如果用欧勒图来表达 A、E、I、O 四种判断主谓项的关系,那么,A 判断主谓项的关系可以表示为:

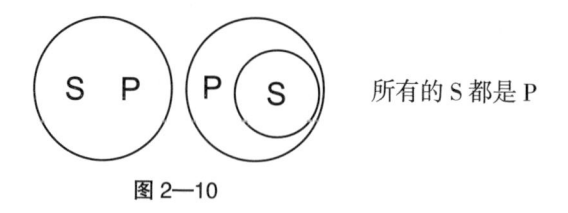

所有的 S 都是 P

图 2—10

E 判断主谓项的关系可以表示为：

所有的 S 都不是 P

图 2—11

I 判断主谓项的关系可以表示为：

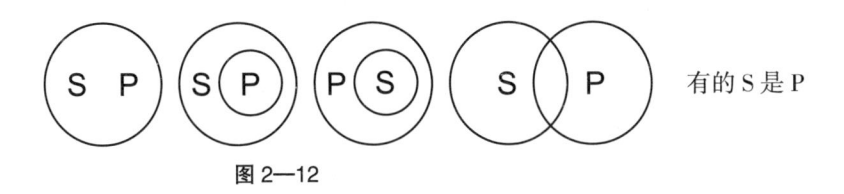

有的 S 是 P

图 2—12

O 判断主谓项的关系可以表示为：

有的 S 不是 P

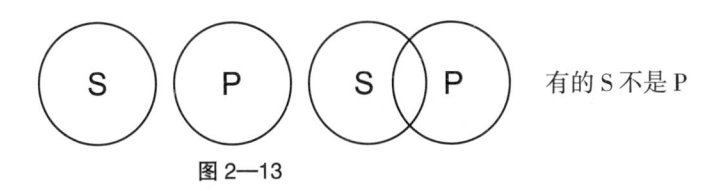

图 2—13

也就是说，A 判断主谓项的关系可以是全同关系，也可以是种属关系；如：①所有的判断（S）都是对思维对象有所断定的思维形式（P）；"判断"与"对思维对象有所断定的思维形式"是具有全同关系的两个概念。②所有的虎（S）都是猫科动物（P）；概念"虎"与"猫科动物"之间是种属关系。

E 判断主谓项之间只能是全异关系，如：所有的石头（S）都不是溶液（P）。

I 判断主谓项之间，既可能是全同关系，也可能是属种关系、种属关系和交叉关系。一般人对于属种关系和交叉关系断定"有的

S 是 P"还是容易理解的,但对于全同关系和种属关系也表达"有的 S 是 P"就不容易理解了;其实,在全同关系和种属关系表达"所有的 S 都是 P"的时候,也就表达了"有的 S 是 P"。如:我们知道所有的共青团员都是年轻人,那么共青团员中的一部分(北京的共青团员)当然也就是年轻人(种属关系);我们知道所有的判断都是断定思维对象的思维形式,那么判断中的一部分(直言判断)当然也是对思维对象进行断定的思维形式(全同关系)。

O 判断主谓项之间,既可以是属种关系,也可以是交叉关系和全异关系。同样,我们对属种关系和交叉关系表达"有的 S 不是 P"比较容易理解,但对用全异关系来表达"有的 S 不是 P"则有疑惑。众所周知,全异关系表达的是"所有的 S 都不是 P",既然"所有的 S 都不是 P",那么"有的 S"当然也"不是 P"。例:我们班所有的同学都不在教室上课,这是一个 E 判断,主项"我们班所有的同学"(S)和谓项"在教室上课"(P)之间的关系是全异的,但根据这个判断,我们得知:我们班第一大组的同学(S 中的一部分,即"有的 S")没有在教室上课,即"有的 S 不是 P"。

逻辑学用右图来说明四种直言判断之间的真假关系,这种真假关系被称为"对当关系",这个图形叫作"逻辑方阵"。在这个图形中,上面的 A 判断和 E 判断叫上位判断,I 判断和 O 判断叫下位判断;四种判断之间形成了四种关系,如右图。根据 AEIO 四种判断主谓项之间关系的不同情况可以推知,①反对关系:一判断真则另一个判断必然假,一判断假则另一个判断的真假不能确

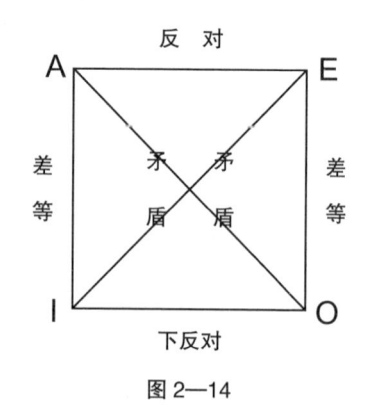

图 2—14

定。②差等关系：上位判断真则下位判断真，下位判断假则上位判断假；上位判断假则下位判断的真假不能确定，下位判断真则上位判断真假不能确定。③矛盾关系：一个判断真则另一个判断假，一个判断假则另一个判断真。④下反对关系：一个判断假则另一个判断真，一个判断真则另一个判断真假不能确定。

美国著名作家马克·吐温在一个公开场合中曾说："美国国会中有的议员是狗娘养的。"此言一出便引起了众多国会议员的不满，他们纷纷施压，要求马克·吐温进行公开道歉。重压之下，马克·吐温只得召开记者会，并在会上公开道歉说："我曾经说'美国国会中有的议员是狗娘养的'，在此特地向议员们诚恳致歉，这句话是不正确的，应该更正为'美国国会中有的议员不是狗娘养的'。"

马克·吐温所说的两句话一个是 I 判断，一个是 O 判断，根据"对当关系"，当 IO 其中一个判断真时，另一个判断的真假不能确定，也就是说这两个判断可以同时为真；马克·吐温便是合理地利用了 IO 可以同真的特点，巧妙地规避了必须进行"自我否定"的压力。

逻辑理论认为，当我们对某对象进行断定的时候，一般只涉及该对象，而与其他不在断定范围内的对象无关。比如：主人请客，家里已经来了不少人，到了快开席的时间，主人看了看表道："马上就要开席了，这该来的人怎么还没有到呢？"此言一出，许多客人便不高兴了，客人认为主人说"该来的没有来"，言下之意便是"不该来的来了"。其实，主人表达的不过是"有的该来的人还没有来"，对已经来的客人并没有进行断定。

在我们日常表达中,总是有许许多多的"言下之意",这是由于习惯思维长期伴随我们的学习、工作和生活所致;就如当我们听到别人对自己说"好狗不挡道"的时候会生气一样,习惯思维迅速地左右我们的思想,把我们自动归入了"狗"的范畴,留给我们选择的余地只有"好狗"和"坏狗"。其实,通过理性分析可以看出"好狗不挡道"可以用 A 判断"好狗是不挡道的"来准确表述,我们姑且认为这个 A 判断为真,那么是不是可以得出这样两个判断呢?①"挡道的都是坏狗。"②"坏狗是挡道的。"显然,你不能因为一块石头挡了道就认为这块石头是坏狗,因此判断①显然是不正确的;再看判断②,"坏狗"当然指"所有的坏狗","挡道的"是不是指所有"挡道的"客观对象呢?当然不是,也就是说"所有的坏狗都是挡道的",但挡道的东西很多(比如石头),因此,并不是"所有的挡道的都是坏狗"。就算我们认为判断②是正确的,也只说明我们是挡道的对象之一,为什么就一定是"坏狗"呢?这里就涉及直言判断主谓项的周延问题。

所谓"周延"是指对象的全部外延,如果某个直言判断的主项或者谓项的外延被全部断定,那么这个主项或谓项就是周延的,如果某个直言判断的主项或者谓项的外延虽然被有所断定,但并没有被明确断定所有外延,那么这个主项或谓项就是不周延的。

在上面判断②中很明显,"挡道的"就是不周延的概念,也就是说,"挡道的"并不仅仅有"坏狗",还有"石头""大树""汽车"……也包括"人",因此,为什么非要把自己与"坏狗"对号入座呢?这是理性思维;当然,由于人更早、更多地接触到习惯思维,因此更容易受到习惯思维的影响,这也是许多人"懂道理但不讲道理"的原因,也是我们需要好好学一点逻辑的理由。

在 AEIO 四种判断中,它们主谓项的周延情况是怎样的呢?我们举四个例子来对此进行分析：

  1. 所有的客人都到酒店了。    A 判断
  2. 所有的客人都没有到酒店。   E 判断
  3. 有的客人到酒店了。     I 判断
  4. 有的客人没有到酒店。    O 判断

  这四个判断的主、谓项分别是"客人"和"到酒店"。A、E 判断的量项都是全称量项——"所有的"，即断定了主项"客人"的所有外延，因此，它们的主项都是周延的；I、O 判断的主项都是特称量项——"有的"，即没有对主项"客人"的外延进行全部断定，因此，它们的主项都是不周延的。A 判断的谓项显然是不周延的，因为我们只能断定"到酒店的"人中有"客人"，至于是不是所有"到酒店"的人都是"客人"，在判断中并没有进行断定，所以我们只能认为"到酒店的"人并不一定都是"客人"；对于 E 判断来说，谓项则必然是周延的，因为"到酒店的"肯定都不是"客人"，只要有一个是客人，这个 E 判断就不成立了；再看 I 判断的谓项，与 A 判断一样，我们只能断定"到酒店的"人中有"客人"，因此，谓项不周延；O 判断的谓项周延情况与 E 判断相同，如果我们把没有到酒店的这部分客人设为 S1，那么所有"到酒店"的人都不是 S1，因此，O 判断的谓项是周延的。

  总结 AEIO 四种判断，我们知道：全称判断主项周延，否定判断谓项周延，其他状况下的主、谓项皆不周延。当直言判断的主项不是普遍概念而是单独概念时，这样的直言判断叫作单称判断，由于单独概念的外延只有一个，如果对其断定，则必然断定它的所有外延，因此，我们在应用中通常把单称判断当成全称判断对待。

## 关系判断

当下有一句话比较流行：敌人的敌人是朋友。

"敌人"是表达关系的一个概念，比如："张三与李四是敌人"。这个语句叫关系判断，"敌人"所表达的是"张三"和"李四"之间存在的关系。逻辑理论认为，关系判断是断定思维对象之间具有某种关系的思维形式。

任何关系判断都由三个部分组成：

1. 关系者项：关系者项是反映关系承担者的概念，如上例中的"张三"和"李四"。需要说明的是，关系承担者是客观存在的对象，而关系者项是用以反映客观对象的概念，二者不能混为一谈。

2. 关系项：是反映存在于客观对象之间的关系的概念，如上例中的"敌人"。

3. 量项：表达客观对象数量的概念。例如：①我们班有的同学比重点班有的同学的成绩还要好。②我们县所有的河水都比邻县的河水清澈。这两例中"所有的""有的"便是判断的量项；在表达的时候，我们经常省略量项，这种情况不仅出现在关系判断的表达中，在使用直言判断时也常常会省略量项。一般来说，全称量项都是可以省略的，而特称量项则不能省略，没有明确表达出量项的概念，则是对该概念的所有外延进行了断定。

对象间的关系有两种：

**种类一：对称性**

关系的对称性，一般是指两个对象间的关系，我们通常用"R"表达"关系"。

（1）对称关系：对象 a 与 b 具有某种关系（aRb），同时 b 对 a

也具有这种关系（bRa），那么，a 和 b 之间的这种关系就叫对称关系。如：老李和小张是同乡。当然，小张和老李也是同乡，这里的"同乡"就是对称关系。

（2）反对称关系：对象 a 与 b 具有某种关系（aRb），同时 b 对 a 却不具有这种关系（b¬Ra，¬ 表达否定，可读作"并非"），那么，a 和 b 之间的这种关系就叫反对称关系。如：老赵是小赵的父亲。显然，小赵必然不是老赵的父亲，"父亲"便是反对称关系。

（3）非对称关系：对象 a 与 b 具有某种关系（aRb），同时 b 对 a 则可能具有这种关系，也可能不具有这种关系，那么，a 和 b 之间的这种关系就叫非对称关系。如：小王认识张经理。但张经理却可能认识，也可能不认识小王，"认识"便是非对称关系。

### 种类二：传递性

关系的传递性一般存在于三个或三个以上的对象间。

（1）传递关系：对象 a 与 b 具有某种关系（aRb），同时，b 与 c 也具有同样的关系（bRc），那么，a 对 c 也存在这种关系（aRc），这种关系就叫作传递关系。如：某人请客，客人陆续到来，其中陈某最先到，而后钱某到来，十分钟后孙某来了。得出关系判断"陈某早于钱某到达，钱某早于孙某到达"。毫无疑问，陈某肯定早于孙某到达，判断中的"早于"便是传递关系。

（2）反传递关系：对象 a 与 b 具有某种关系（aRb），同时，b 与 c 也具有同样的关系（bRc），那么，a 对 c 则必然不具有该关系（a¬Rc），这种关系就叫作反传递关系。如：甲车比乙车贵十万元，乙车比丙车贵十万元。显然，甲车不可能比丙车贵十万元，此列中的"比……贵十万元"就是反传递关系。

（3）非传递关系：对象 a 与 b 具有某种关系（aRb），同时，b

与 c 也具有同样的关系（bRc），那么，a 对 c 则可能具有，也可能不具有该关系，这种关系就叫作非传递关系。如：小张和小李是同学，小李和小吴是同学。那么，小张和小吴则可能是同学，也可能不是同学，判断中的"同学"就是反传递关系。

回到前面的例子，"敌人的敌人是朋友"。是这样吗？我们来分析一下，"张三与李四是敌人，李四与王五是敌人"，那么张三和王五之间应该是什么关系呢？可以确定的是，通过前面的判断，我们无法得出张三和王五之间存在"朋友"这样的关系。由于"敌人"是一个非传递关系，因此，只能得出"张三和王五可能是敌人，也可能不是敌人"这样的结论。可能有人认为：为什么"敌人"一定是非传递关系而不能是反传递关系呢？如果是反传递关系，那么不就可以得出"张三和王五肯定不是敌人（是朋友）"的结论了吗？其实这个问题很简单，举个例：张三、李四、王五住在一个村，由于三人的土地相邻，于是经常因为争地、争水打架，相互间视若仇敌。那么，得出的关系判断便是：张三和李四是敌人，李四和王五是敌人，张三和王五也是敌人。但是，如果张三和李四的地相邻，李四和王五的地相邻，而张三和王五的地不相邻，虽然张三经常和李四打架，李四和王五也经常打架，但张三和王五间从来没有因为土地和水的问题发生过争执，那么，得出的关系判断便是：张三和李四是敌人，李四和王五是敌人，而张三和王五之间的关系仍然是无法确定的，也许我们只能断定"张三和王五不是敌人"，但却不能得出"是朋友"的结论，因此，"敌人的敌人是朋友"这个说法是不符合逻辑的，不是正确思维的结论。

## 联言判断

联言判断是复合判断,是断定具有某种情况的若干对象,或断定对象若干情况同时存在的判断。这里涉及两种情况:第一,断定一个对象具有若干情况;第二,断定若干对象的情况。

刘德华既是歌手,也是演员。
张三和李四都到学校了。

许多联言判断与关系判断的表达形式非常相似,但从本质上来说却是完全不同的,如:①张三和李四是同学;②张三和李四是学生。①是关系判断,断定张三和李四之间具有"同学"的关系,②是联言判断,断定张三和李四同时具有"学生"的身份。

前面说过,简单判断是不可分的判断,复合判断是可分的判断,如前面这两例,我们可以把②分为"张三是学生"和"李四是学生"这样两个判断,却不能把①分为"张三是同学"和"李四是同学"。

实际上,复合判断之所以能够分解为多个判断,是因为所有的复合判断都是由两个或两个以上的其他判断组成,构成复合判断的其他判断叫作"肢判断",而构成联言判断的肢判断就称为"联言肢"。逻辑学中用"$\land$"(合取)来表示情况同时存在,用"p"和"q"表示不同的联言肢,因此联言判断就表达为 $p \land q$。汉语言中,通常表达情况同时存在的语词有"既是……又是……""不但……而且……""和""并且""虽然……但是……"等等,这些语词称为"联言联结词"。

联言判断的真假是由联言肢的真假所决定的,只有当所有的肢真的时候,联言判断才真,只要有一个肢假,联言判断就假。

例:毛泽东是伟大的革命家、军事家和诗人。所有的肢都真,所以该判断真。刘德华是一个好歌手、好演员,也是一个好警察。前面两个肢真,后面一个肢假,这个联言判断假。

一般来说,联言判断的真假只与联言肢的真假有关,而与肢的先后次序无关。如前例"张三和李四都来了"与"李四和张三都来了"具有相同的真假值。但是这种情况也不尽然,因为联言判断是反映对象情况同时存在的判断,而任何情况的产生总是有先有后的,那么表达对象情况同时存在的联言判断,也应该符合事物发展变化的客观规律。

例:小李到了北京,并且参观了天安门。这说明小李先到北京,后参观天安门,如果表达为"小李参观了天安门,并且到了北京",这个判断的真假肢虽然没有变,但显然是不正确的,小李不可能先参观天安门,然后才到北京。

例:她结了婚,并且有了孩子。表达的是先结婚后有孩子;如果表达成"她有了孩子,并且结了婚",似乎是先有孩子后结婚,两个判断的真假肢依然相同,但所表达的意思却有歧义。

## 选言判断

选言判断也是复合判断,是断定对象若干可能的情况中,最少有一种可能情况存在的判断。对象的若干可能情况,有时有两种或两种以上情况同时存在,有时有且只有一种情况存在,据此选言判断就分为"相容选言判断"和"不相容选言判断"。选言判断由组成选言判断的肢判断即"选言肢"和表达可能为真的语词即"选言联结词"两个部分构成,且分为相容显言判断和不相容显言判断。

### 相容选言判断

两国交兵，A国大获全胜，B国则兵败国亡。于是得出结论："A国大胜或因其军队强大，或因其指挥官指挥无误。"

此例中的"军队强大"和"指挥官指挥无误"这两个情况中，必然至少有一种情况为真，才能导致A国大胜，当然也可能两者同时为真，"A国大胜或因其军队强大，或因其指挥官指挥无误"。这个选言判断就称为"相容选言判断"。

相容选言判断是断定选言肢中至少有一个为真的选言判断。所谓"至少一个为真"即说明可能有两个或两个以上，甚至所有的选言肢都为真；也就是说，选言肢可以同真。

相容选言判断的真假同样决定于构成它的肢判断的真假，一般来说，只要有一种情况为真，则相容选言判断就真，只有所有的可能情况都是假的，相容选言判断才假。

①刘德华或是歌手，或是演员，或是画家，或是诗人。

这个判断中至少包含了两个真的肢，我们可以从中选择出真实存在的情况，因此，这个判断为真。

②老虎或是犬科动物，或是灵长动物，或是爬行动物。

这个判断中不包含任何真实的情况，因此，这个判断为假。

相容选言判断的选言联结词一般用"或……或……""或者……或者……"等语词来表达，在逻辑学中通常用p和q表示不同的肢，用"∨"(析取)表示肢的相容性,相容选言判断表达为"p∨q"。

**不相容选言判断**

一位老人在公园休息椅上溘然长逝,公安机关接到报案后迅速派人抵达现场。法医在案情分析会上说:"老人死亡的原因不外四种。一是自然死亡,二是意外事故致死,三是自杀,四是他杀。我们首先要做的是从这四种原因中明确真实的情况。"

法医的话中便表达出了一个不相容选言判断:老人死亡的原因,要么是自然死亡,要么是意外事故致死,要么是自杀,要么是他杀。

不相容选言判断的选言联结词一般用"要么……要么……""不是……就是……"等语词来表达,逻辑学中通常用"∨"(不相容析取)表示肢的不相容性,不相容选言判断表达为"p∨q"。

不相容选言判断是断定对象若干可能情况中,有且只有一种情况存在的选言判断。也就是说,不相容选言判断只有一个肢为真,不可能出现选言肢同真的情况,其真假同样由构成它的选言肢的真假来决定。当选言肢全部为假或选言肢有两个以及两个以上为真时,不相容选言判断为假;只有在一个肢真而其他肢假时,不相容选言判断才为真。如上例,老人死亡的原因只可能是自然死亡、意外事故致死、自杀和他杀四种情况中的一种,不可能存在两种或两种以上原因同时为真的情况。

虽然我们一般用"或……或……""或者……或者……"等语词表达相容选言判断,用"要么……要么……""不是……就是……"等语词表达不相容选言判断,但并不是说只能如此表达,因此,在应用选言判断时,应该深入分析选言肢是否相容(可以同时存在)。在汉语表达中,我们通常会附加一些语言来强调选言肢的相容性和不相容性,比如二者兼备、兼而有之、二者必居其一、不可得兼等等。

如:小李学习成绩好,或是因为刻苦,或是因为学习方法正确,或两者兼而有之。(相容选言判断)

本次评优,小王要么参选优秀党员,要么参选优秀党务工作者,不能二者得兼。(不相容选言判断)

## 假言判断

假言判断也是复合判断,它是断定某一对象情况是另一对象情况存在的条件的判断;也就是说,这种判断断定的是两种对象情况之间存在的条件联系。当然,与其他复合判断一样,假言判断也是由两个部分组成,一是反映对象情况的假言肢,二是表达条件联系的假言联结词;一般来说,假言肢有两个,一个表达条件,另一个表达由条件导致的结果。

如果没有严密的逻辑思维,那么就不能保证思维结论的正确。

只有努力学习,才能取得好成绩。

这是两个假言判断,前面的假言肢称为"前件",后面的假言肢称为"后件",前件是后件存在的条件,后件是由前件所导致的后果。

假言判断断定的是对象情况间的条件联系，由于客观世界中的条件联系多种多样，因此就决定了假言判断应该有不同的形式；逻辑学将条件联系归纳为三种，于是，就形成了三种假言判断。

### 种类一：充分条件假言判断

"骄傲使人落后"，这是一句人们耳熟能详的名言，若用判断形式来表达，就是一个充分条件假言判断——"如果骄傲，那么就会落后"。"骄傲"是"落后"的条件，"落后"是由"骄傲"所导致的后果。

充分条件假言判断所表达的是两个对象情况间存在的"充分条件联系"，所谓"充分条件联系"是说"某条件出现就必然导致一个相应的后果"，同时，充分条件联系又表现出另外一个特点，即"后果的产生，却不一定只能由该条件所导致"。如上例，"骄傲"必然导致"落后"，然而"落后"却不一定都是因为"骄傲"，比如"不求上进""懒惰""没有理想、目标"等等，都是可能导致"落后"的原因。

我们也将充分条件联系称为"多条件联系"，即多个条件中的任何一个条件出现，都能导致一个相同的后果；充分条件假言判断中的前件就是可以导致后件（后果）产生的条件之一。前例中的"骄傲"与"不求上进""懒惰""没有理想、目标"等等都能导致"落后"这个相同的后果，它们都是可以导致"落后"的条件，我们将其称为"多条件"，它们与"落后"之间的联系就称为"多条件联系"，即充分条件联系。所以，充分条件假言判断"有前件必有后件，没有前件则后件情况不能确定；没有后件就没有前件，有后件则前件情况不能确定"。这种联系称为"前件蕴涵后件"。

我们通常用"p"表示前件,用"q"表示后件,用"——→"(读作"蕴涵")表示前后件的蕴涵关系,那么,充分条件假言判断则表达为:p——→q。在汉语言中,我们一般用"如果……那么……""只要……就……""倘若……则……"等语词来表达充分条件假言判断的假言联结词。

**种类二:必要条件假言判断**

小赵成绩那么好,肯定是努力学习的结果。这句话如果用假言判断来表达就是,"只有努力学习,才能取得好成绩"。"努力学习"是条件,"取得好成绩"是后果。

是不是只要努力学习了就能有好成绩呢?显然不是,"努力学习"并不是"取得好成绩"的所有原因,而只是原因之一,要想"取得好成绩",除了努力学习外,还必须"学习方法正确""有一定的天分""认真听课"等等,但是"努力学习"的确是"取得好成绩"不可或缺的因素,我们把它们之间的联系称为必要条件联系。

显然,要想"取得好成绩",除了"努力学习"外,还必须具备"学习方法正确""有一定的天分""认真听课"等条件,这些条件我们称为"复条件"(即"复合条件"),只有当它们同时出现,才能导致"取得好成绩"这个后果,其中任何条件不出现,"取得好成绩"这个后果都不会出现,复条件与后果之间的这种联系叫作"复条件联系";复条件中的任何一个条件,都是导致后果所不能缺少的,是必要的,这就是我们把复条件联系称为必要条件联系的原因。必要条件假言判断的前件就是其后件的必要条件，所以，必要条件假言判断"没有前件就没有后件，有前件则后件情况不能确定；有后件必有前件，没有后件则前件情况不能确定"。这种联系逻辑学称为"前件蕴涵于后件"。

我们用"p"表示前件，用"q"表示后件，用"⟵"（读作"蕴涵于"）表示前后件的蕴涵关系，那么，必要条件假言判断则表达为：p⟵q。在汉语言中，我们一般用"只有……才……""除非……不……"等语词来表达必要条件假言判断的假言联结词。

### 种类三：充分必要假言判断

当且仅当三角形三边相等，则其三内角也相等。这就是充分必要假言判断，简称为"充要条件假言判断"。

充要条件假言判断前后件之间的联系就称为"充要条件联系"，也称"一条件联系"，即一个条件必然导致一个相应的后果，该条件出现则后果必然出现，该条件不出现则后果必然不出现；反之，后果若出现则必然有该条件存在，后果若没有出现则必然没有该条件存在。

我们用"p"表示前件，用"q"表示后件，用"⟷"（读作"等值"）表示前后件的蕴涵关系，那么，充要条件假言判断则表达为：p⟷q。在汉语言中，我们一般用"有且只有……才……""当且仅当……则……"等语词来表达充要条件假言判断的假言联结词。

需要注意的是：假言判断的前后件之间一定要存在必然联系，而不能仅仅靠假言联结词的串联就确定两种情况之间的关系。虽然在汉语中表达假言联结词的语词有一定的要求，但却不是必然的规定，在应用假言判断时，我们不能局限于语词表面，而应该深入分析前后件之间存在的条件联系，以达到准确表达的目的。

如果汽车开得快，飞机就可以飞到金星上去。
只有李四成了杀人犯，卫星才会上天。

在这两个语句中，每个语句的前后两种情况之间没有任何联系，它们都不是假言判断。

## 负判断

并非所有的鸟都会飞翔。（简单负判断）
张三并非是就兢业业工作又老老实实做人的人。（联言负判断）
李某死亡的原因，并非因为抢劫杀人，或者激情杀人那么简单。（选言负判断）
并非只有具有动机，才会作案。（假言负判断）

负判断是一种比较特殊的思维形式，它是通过否定其他判断而形成的判断；它也由两个部分组成，一个是基本的判断，一个是表达否定的语词。

在汉语言中，我们一般在表达判断的语句前或者语句中，加上"并非""并不是""没有""不"等语词，来表达否定的意义；逻辑表达中通常用"—"或"¬"来表示否定。因此负判断就表达为：

$\overline{SAP}$ 或¬（SAP）（A 判断的负判断）

$\overline{p \wedge q}$ 或¬（p∧q）（联言负判断）

$\overline{p \vee q}$ 或¬（p∨q）（选言负判断）

$\overline{P \rightarrow q}$ 或¬（p→q）（假言负判断）

# 演绎推理

推理是由已经知道的知识去推出新的知识的思维形式。由于推理是由判断构成的，因此，所谓推理，就是由一个或若干个已知判断推出一个新判断的思维形式。我们将已知判断叫作"前提"，将由已知判断推出的新判断叫作"结论"。

①加热的方法可以使金属延展，所以，要使金属延展可以通过加热的方法。（直接推理）

②所有的推理都是思维形式；演绎法是一种推理；所以，演绎法是一种思维形式。（直言三段论）

③张三死亡的原因要么是自杀，要么是他杀，要么是自然死亡，要么是意外事故致死；张三的死不是因为自杀和他杀，也不是自然死亡；所以，张三是意外事故致死。（选言推理）

④如果有法律，那么正义就能得到伸张；我国有法律；所以，正义在我国能够得到伸张。（假言推理）

⑤我们公司是实业公司，有人力资源部门、保卫部门、产品销售部门、产品研发部门和渠道维护部门等，A 公司也是实业公司，也有人力资源部门、保卫部门、产品销售部门和渠道维护部门，因此，A 公司也有产品研发部门。（类比推理）

⑥我们省今年的工业产值相比去年同期，1月份有所上升，2月份有所上升，4月份有所上升，5月份有所上升；所以，我省今年的工业产值比去年有所上升。（归纳推理）

以上几例都是推理，推理有若干类型：（1）根据前提数量的不同，把推理分为直接推理和间接推理。由一个前提推出一个结论的推理就是直接推理；由两个或两个以上的前提推出结论的推理，则称为间接推理。（2）根据前提中是否包含复合判断，把推理分为简单判断推理和复合判断推理。如果前提和结论都是简单判断，那么这个推理就叫作简单判断推理；如果前提中包含复合判断，那么这个推理就叫作复合判断推理。（3）根据前提与结论间的不同联系，把推理分为必然推理和或然推理。如果由前提能够必然地得出结论，这个推理就叫作必然推理；如果由前提不能必然得出结论，或者说结论是"可能"的，那么，这个推理就叫作或然推理。（4）根据思维的进程，把推理分为演绎推理和非演绎推理。演绎推理的前提蕴涵着结论，其思维进程是由一般到特殊，即通过普遍性的前提推出个别的结论（上例中的①②③④），一般来说演绎推理是必然推理，结论是必然得出的，"在前提真实的条件下，只要遵守推理的规则，就能得出必然真的结论"。而非演绎推理的结论则超出了前提的蕴涵范围，结论的得出不是必然的（是或然的），其思维进程大多是由特殊到一般（归纳推理），或特殊到特殊（类比推理）。

## 简单判断推理

演绎推理中的简单判断推理包含直接推理和间接推理：直接推理有对当关系推理、变形推理、附性推理、负判断推理和对称关系推理；间接推理有传递关系推理和直言三段论等。

**对当关系推理**

对当关系推理是根据逻辑方阵，以直言判断之间存在的关系为依据进行推演的推理。简单地说，就是以直言判断对当关系为根据进行的推理。

那么，根据逻辑方阵，对当关系推理有以下几种（"⊢"读作"推出"）：

①以 A 判断为前提的推理

SAP ⊢ SEP  我们班所有的同学都在教室学习，所以，并非我们班所有的同学都不在教室学习。（反对关系推理）

SAP ⊢ SIP  我们班所有的同学都在教室学习，所以，我们班有的同学在教室学习。（差等关系推理）

SAP ⊢ SOP  我们班所有的同学都在教室学习，所以，并非我们班有的同学不在教室学习。（矛盾关系推理）

SAP ⊢ SOP  并非我们班所有的同学都在教室学习，所以，我们班有的同学不在教室学习。（矛盾关系推理）

②以 E 判断为前提的推理

SEP ⊢ SAP  我们班所有的同学都不在教室学习，所以，并非我们班所有同学都在教室学习。（反对关系推理）

SEP ⊢ SOP  我们班所有的同学都不在教室学习，所以，我们班有的同学不在教室学习。（差等关系推理）

SEP ⊢ SIP  我们班所有的同学都不在教室学习，所以，并非我们班有的同学在教室学习。（矛盾关系推理）

$\overline{\text{SEP}} \vdash \text{AIP}$　并非我们班所有的同学都不在教室学习,所以,我们班有的同学在教室学习。(矛盾关系推理)

③以 I 判断为前提的推理

$\text{SIP} \vdash \overline{\text{SEP}}$　我们班有的同学在教室学习,所以,并非我们班所有的同学都不在教室学习。(矛盾关系推理)

$\overline{\text{SIP}} \vdash \text{SEP}$　并非我们班有的同学在教室学习,所以,我们班所有的同学都不在教室学习。(矛盾关系推理)

$\overline{\text{SIP}} \vdash \text{SOP}$　并非我们班有的同学在教室学习,所以,我们班有的同学不在教室学习。(下反对关系推理)

$\overline{\text{SIP}} \vdash \overline{\text{SAP}}$　并非我们班有的同学在教室学习,所以,并非我们班所有的同学都在教室学习。(差等关系推理)

④以 O 判断为前提的推理

$\text{SOP} \vdash \overline{\text{SAP}}$　我们班有的同学不在教室学习,所以,并非我们班所有的同学都在教室学习。(矛盾关系推理)

$\overline{\text{SOP}} \vdash \text{SAP}$　并非我们班有的同学不在教室学习,所以,我们班所有的同学都在教室学习。(矛盾关系推理)

$\overline{\text{SOP}} \vdash \text{SIP}$　并非我们班有的同学不在教室学习,所以,我们班有的同学在教室学习。(下反对关系推理)

$\overline{\text{SOP}} \vdash \overline{\text{SEP}}$　并非我们班有的同学不在教室学习,所以,并非我们班所有的同学都不在教室学习。(差等关系推理)

**变形推理**

直言判断的变形推理也称为直言判断变形法,它是以直言判断为前提,通过改变其质或主谓项的位置,在不改变原来意义的基础上，获得一个新的直言判断的推理。据此，变形法有两种形式，一是换质法，二是换位法。

1. 换质法

这里所谓的"质"，是指直言判断的联项。换质法是改变一个直言判断的质，在不改变其原来意义的前提下，获得一个新的直言判断的直接推理。"换质"就是把原判断中的肯定联项换成否定联项，或把否定联项换成肯定联项。

①A判断的换质：SAP ├ SE$\overline{P}$ 所有进入这个大门的都是本单位工作人员，所以，所有进入这个大门的都不是非本单位工作人员。

②E判断的换质：SEP ├ SA$\overline{P}$ 所有没来学习的都不是党员，所以，所有没来学习的都是非党员。

③I判断的换质：SIP ├ SO$\overline{P}$ 有的物质是绝缘体，所以，有的物质不是非绝缘体。

④O判断的换质：SOP ├ SI$\overline{P}$ 有的年轻人不是团员，所以，有的年轻人是非团员。

2. 换位法

改变一个直言判断主谓项的位置，在不改变其原来意义的基础上，获得一个新的直言判断的方法就叫直言判断的换位推理，简称"换位法"。换位法有两个基本要求：一是不改变原判断的意义；二是不扩大主谓项的外延，即原判断中不周延的概念，换位后也不得周延。

①A 判断的换位：SAP ⊢ PIS 所有的金属都是有延展性的，所以，有的有延展性的是金属。

②E 判断的换位：SEP ⊢ PES 所有的猫科动物都不是食草动物，所以，所有的食草动物都不是猫科动物。

③I 判断的换位：SIP ⊢ PIS 有的警察是党员，所以，有的党员是警察。

④O 判断的换位：SOP ⊢ ? 有的地方不是城市，所以，有的城市不是？原判断是特称否定判断，主项（S）是不周延的，如果换位成 POS，S 变成了特称否定判断的谓项，就周延了，扩大了 S 的外延，所以，O 判断不能进行换位。

在变形法中除了换质法和换位法，还有换质位法和换位质法等。换质位法是对一个直言判断先进行换质，然后在换质的基础上进行换位，从而获得一个新判断的推理。换位质法则是对一个直言判断先进行换位，然后在换位的基础上进行换质，从而获得一个新判断的推理。

需要说明的是，在换质法中有一种非常特殊的情况，即按照规则换质后，得到的新判断与原判断的意义大相径庭。如"铁不是酸性溶液"，换质后得到"铁是非酸性溶液"这样的判断，原判断是一个正确的判断，但换质后得到的判断显然是不正确的，导致出现这种结果的原因，并非是因为换质推理过程的错误，而是因为换质法规则不尽完善。因此，作者认为：主项概念与谓项概念不在同一个论域中的全称否定判断，不能进行换质。

### 附性推理

附性推理也叫附性法，是对一个直言判断的主谓项附加一个完全相同的属性,从而获得一个新的直言判断的推理。

轿车是交通工具,所以,高档的轿车是高档的交通工具。
SAP ├ QSAQP（Q 表示附加的属性）

对于附性法来说,必须确保附性前后主项概念和谓项概念的关系保持不变,如果附性前后主项概念和谓项概念的关系发生了改变,就是错误的附性,或者说所获得的结论就是错误的。如上例,附加的属性是"高档的",原判断的主谓项概念之间是种属关系,附性后获得的新判断的主谓项概念之间仍然是种属关系,这是正确的附性推理。

科学家是人,所以,植物科学家是植物人。

这个推理附性前后主谓项概念之间的关系显然是不一致的,附性前是种属关系,附性后的"植物科学家"和"植物人"之间则不是种属关系,所以,这是错误的附性推理。

**关系推理**

关系推理是根据对象间存在的关系特性进行推演的推理。对象间的关系是比较复杂的,因此,关系推理相应的也比较复杂。

**1. 对称关系推理**

①对称性关系推理:aRb ├ bRa 小李和老郑是同乡,所以,老郑和小李是同乡。

②反对称性关系推理:aRb ├ $\overline{bRa}$ 张三比李四先到教室,

所以，并非李四比张三先到教室。

③非对称性关系推理：aRb ⊢ b ◇ Ra（◇表示"可能"）小王认识王经理，所以，王经理可能认识小王。

**2. 传递关系推理**

传递关系推理是由两个前提推出一个结论的推理，属于简单判断的间接推理。

①传递性关系推理：(aRb)∧(bRc) ⊢ aRc 张三比李四年长，并且李四比王五年长，所以，张三比王五年长。

②反传递性关系推理：(aRb)∧(bRc) ⊢ $\overline{aRc}$ 目击者比作案者早到现场10分钟，并且作案者比被害人早到现场10分钟，所以，并非目击者比被害人早到现场10分钟。

③非对称性关系推理：(aRb)∧(bRc) ⊢ a ◇ Rc 形形和朵朵是同学，并且朵朵和华华是同学，所以，形形和华华可能是同学。

再回到前面的例子，我们说"敌人的敌人是朋友"是错误的说法，原因就在于"敌人"是一个非传递性关系，只能得出"可能"的结论，而不能得出必然的结论。

**直言三段论**

直言三段论是简单判断间接推理，它由两个前提（大前提和小前提）以及一个结论构成，其前提和结论都是直言判断；任何一个直言三段论都包含着三个不同的概念，这三个不同的概念也称为三个不同的"项"，分别叫作"大项""中项"和"小项"；其中"大项"在结论中处于谓项的位置,而"小项"则是结论的主项;大、中、小项在前提和结论中分别各出现两次,其中大、小项在前提和结论中各出现一次,中项则在大、小前提中分别出现一次。

前提中是否具有大、小项是确定大、小前提的唯一标准,包含大项的前提叫作"大前提",包含小项的前提叫作小前提;直言三段论就是通过中项的联结作用,来确定大、小项之间的关系,从而得出结论的间接推理。

从思维进程来看,直言三段论是典型的演绎推理,在传统逻辑学推理体系的构建中,直言三段论具有举足轻重的作用。

直言三段论推理是以"三段论的公理"为依据来进行推演的,正因为有"三段论的公理"为推理依据,其结论的获得才是必然的。

所谓"公理",就是被人们千百万次实践所证实了的,其真实性毋庸置疑的论断。简单地说就是"公认的道理"。

三段论的公理是:全类对象是什么,则全类对象中的一部分就是什么;全类对象不是什么,则全类对象中的一部分就不是什么。即如果所有的M都是P,而所有的S都是M,则所有的S都是P(如图2—15);如果所有的M都不是P,而所有的S都是M,则所有的S都不是P(如图2—16)。

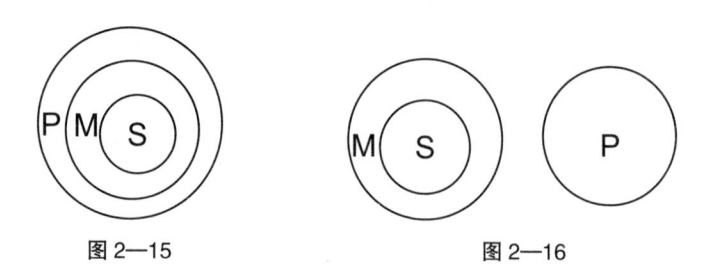

图2—15

图2—16

例①所有的党员（M）都为人民服务的（P），党的领导干部（S）是党员（M）；所以，党的领导干部（S）是为人民服务的（P）。

例②所有的禽类（M）都不是水生动物（P），鸳鸯（S）是禽类（M）；所以，鸳鸯（S）不是水生动物（P）。

直言三段论是必然推理，在前提真实的条件下，遵守规则，就能得出必然真的结论。因此，在进行直言三段论推理时，首先必须保证要遵守规则，直言三段论的规则有若干条，在这里介绍主要的八条。

**1. 一个正确的三段论，有且只有三个不同的概念**

直言三段论是通过中项的联结作用，来确定大、小项之间的关系的推理，如果出现四个概念，那么，大、小项的关系就无法确定，就不能得出必然的结论，如果违反这条规则就犯了"四概念错误"。

小李大学刚毕业就来到一家私企应聘，老板看了小李的简历便与小李签了用工合同。两个星期后，老板叫来部门经理小赵："这次有个比较重要的与外商的谈判，你经验丰富，接待外商和谈判的事情就全权交给你负责了。"小赵忙点头道："谢谢老板信任，我争取让您满意。只不过我外语不行，是不是可以聘请一个翻译。"老板摇了摇头说："没必要，外商说英语，你就叫小李跟着，他负责翻译。"小赵疑惑地问："小李精通英语吗，我怎么没有听说过？"老板道："大学生应该是精通英语的，小李刚刚大学毕业，所以你尽管放心，他肯定精通英语。"

我们来看老板的推理：大学生应该精通英语；小李是大学生；所以，小李肯定精通英语。

大项在大前提中是"应该精通英语"，而在结论中则是"肯定精通英语"，这显然是两个不同的概念。姑且不论小李是否精通英语，但老板在推理中犯了"四概念错误"是毋庸置疑的。

两位女孩吵架，甲说："哟哟哟，你不得了，你名字叫杜鹃，我看你要飞上天。"我们从甲的话中剥离出她隐含的推理：杜鹃是会飞的；你是杜鹃；所以，你是会飞的。这个推理中的中项概念所指的显然是两个不同的对象，大前提中的"杜鹃"指的是叫作杜鹃的鸟，小前提中的"杜鹃"则是指名字叫杜鹃的女孩。

无论是大项不同，或者小项不同，或者中项不同，都是违反推理规则的，都犯"四概念错误"。我们常说的"偷换概念"，大多指的就是违反本条规则的情况。

### 2. 中项在前提中至少要周延一次

如果中项在两个前提中都不周延，那么即说明，中项中的一部分与大项有关，同时一部分与小项有关，于是，我们就无法通过中项来确定大、小项之间的关系；如果违反本条规则，就犯"中项不周延"的错误。

王女士于某日傍晚急匆匆回家，被迎面走来的一个男青年抢走了手里的拎包,她追赶不及便打"110"报了案。由于事发突然,王女士没有看清嫌疑人的长相,只记得这人好像蓄着短短的络腮胡子,穿一件红白相间的夹克,身高在175厘米左右。两天后的周末,王女士与两个朋友逛商场,突然,她猛地拽住一个男青年高声呼叫保安,弄得那男青年和王女士的两个朋友莫名其妙。保安到来后,王女士语无伦次激动地对保安说:"就是他,就是他,赶快报警,就说人已经被我抓住了。"经保安和朋友的再三安抚和引导,情绪渐渐平复的她才道出了事情的原委。被王女士拽住的男青年钱某一脸郁闷地问:"你凭什么就肯定是我抢了你的包?"王女士哼了一声道:"你别认为我没看清你的脸就觉得可以蒙混过关,告诉你,你穿的衣服、你的身高和你脸上的胡子已经出卖了你。"

我们暂且不论嫌疑人究竟是不是这个男青年钱某,但就王女士构建的直言三段论来说,她的结论的确是错误的:嫌疑人是一个蓄着短短的络腮胡子,穿一件红白相间的夹克,身高在175厘米左右的男青年;钱某是蓄着短短的络腮胡子,穿一件红白相间的夹克,身高在175厘米左右的男青年;所以,钱某是嫌疑人。

很显然,在这个世界上,甚至在案发的这个城市中,没有谁能够确定"蓄着短短的络腮胡子,穿一件红白相间的夹克,身高在175厘米左右的男青年"是否只有钱某一个人,很可能嫌疑人有这个特征,而恰好钱某也有这个特征,如果仅仅以这个特征而得出"钱某就是嫌疑人"的结论,显然不是必然的,造成王女士得出这个"不必然结论"的原因就是违反了推理的规则。

这个直言三段论的大、小前提都是肯定判断,而中项"蓄着短短的络腮胡子,穿一件红白相间的夹克,身高在175厘米左右的男青年"是两个前提的谓项,我们知道,肯定判断的谓项是不周延的,因此中项在两个前提中都不周延,这个推理犯了"中项不周延"的错误,因此,结论不必然为真。

**3. 在前提中不周延的概念,在结论中也不得周延**

如果大、小项在前提中不周延,说明它们只有一部分与中项有关,即对它们的部分外延进行了断定,但如果在结论中周延了,则说明作为结论的判断对大、小项的外延进行了全部断定,如此,结论不可能是必然的;违反本条规则,犯"大项扩大"或"小项扩大"的错误。

> 小娟是学生干部;小娟是好学生;所以,好学生是学生干部。

这就是"小项扩大"的错误,"好学生"在前提中是小前提的谓项,而小前提是肯定判断,因此,小项在前提中是不周延的;由于结论是全称判断,小项是结论的主项,因此,小项在结论中周延了;所以,结论不是必然的。这个推理,根据前提只能必然得出"有的好学生是学生干部"的结论。

> 某班开家长会,一位家长对老张抱怨道:"你儿子总是不讲卫生,身上有股怪味太难闻了,我女儿都不愿意和他同桌。"其他家长也纷纷附和。老张受到众人的指责,不禁有些恼羞成怒:"我儿子到学校是来读书的,又不是来让人闻的,他又不是玫瑰。"

老张的这句话中包含着这样的直言三段论：玫瑰是让人闻的；我儿子不是玫瑰；所以，我儿子不是让人闻的。

这个推理中，大项"让人闻的"在大前提中是肯定判断的谓项，是不周延的概念，而结论是否定判断，大项在结论中也是谓项，是周延的，因此，犯了"大项扩大"的错误，结论不是必然的。

**4. 两个否定前提不能得出结论**

如果两个前提都是否定的，说明大项与中项相互排斥，同时小项也与中项相互排斥，那么，中项起不到大、小项之间的联结作用，如此，大、小项之间可能存在各种联系，我们就无法必然地得出结论；违反本条规则犯"两前提否定"的错误。

猫不是狗；这个动物不是猫；所以，这个动物是什么？

通过这个推理可以发现，小项概念"这个动物"到底是什么或不是什么，我们是无法确定的。

**5. 若有一个否定前提，则结论必否定；若结论是否定的，则必有一个否定前提**

如果两个前提中有一个前提是否定的，那么另一个前提必然是肯定的（两个否定前提不能得出结论），那么，大、小项中必然有一个项与中项排斥，而另一个项与中项结合，如此大、小项之间必然是相互排斥的，即结论必否定。如果结论是否定的，则说明大、小项中有一个项与中项相互排斥，因此，有一个前提必然是否定的。

> 科学知识不是从天上掉下来的;逻辑理论是科学知识;所以,逻辑理论不是从天上掉下来的。

这个推理中,大项"从天上掉下来的"与中项"科学知识"相互排斥,而小项"逻辑理论"与中项相互结合,因此,大项与小项是相互排斥的。

**6. 两个肯定前提必然得出肯定结论;若结论是肯定的,则两前提必肯定**

如果两个前提都是肯定的,则大、小项都与中项相结合,就可以通过中项的联结作用,确定大、小项之间是相互结合的,即结论必肯定;如果结论是肯定的,则说明前提中必然没有否定前提(若有一个否定前提,则结论必否定);因此,两个肯定前提必然得出肯定结论,同时,若是肯定的结论,则两前提必肯定。

> 所有的金属都是有延展性的;铜是金属;所以,铜是有延展性的。
> 所有的领导干部都应该为人民服务;有的年轻人是领导干部;所以,有的年轻人应该为人民服务。

**7. 两个特称前提不能得出结论**

两个前提特称的情况有三种:

(1)两个前提都是 I 判断,即 II 式。如果是 II 式,则说明其中的任何概念都不周延,违反了"中项必须周延一次"的规则,犯"中项不周延"的错误。

(2)两个前提都是 O 判断,即 OO 式。如果是 OO 式,根据"两个否定前提不能得出结论"的规则,是无法获得结论的。

(3)两个判断分别是 I 判断和 O 判断,即 IO 式或 OI 式。不管是哪一种形式,根据"若有一个否定前提,则结论必否定"的规则,其结论都必然是否定的;如果结论否定,由于大项是结论的谓项,则大项在结论中是周延,根据"在前提中不周延的概念,在结论中也不得周延"的规则,就要求大项在前提中也必须周延。若前提分别是 I 判断和 O 判断,那么前提的所有概念中,只有一个概念是周延的,如果这个概念是大项,就会犯"中项不周延"的错误;如果周延的这个概念是中项,那么,大项在前提中不周延,又会犯"大项扩大"的错误。

因此,无论是哪一种形式,以两个特称判断为前提,都不能得出结论。

**8. 若有一个前提是特称,则结论必特称**

这种情况有四种形式:

(1) AI 式。这种形式中,只有一个概念是周延的,为避免犯"中项不周延"的错误,因此,必须保证这个周延的概念是中项,如此,小项在前提中就是不周延的,根据"在前提中不周延的概念,在结论中也不得周延"的规则,小项在结论中也不得周延,小项是结论的主项,因此,结论只能是特称判断。

(2)(3) AO 式和 EI 式。这两种形式中都有两个周延的概念,为了保证"中项必须周延一次",因此,其中一个周延的概念必然是中项;由于这两种形式中都有一个否定判断,因此,必然得出否定的结论,那么大项在结论中就是周延的,根据"在前提中不周延的概念,在结论中也不得周延"的规则,前提中另外一个周延的概念就必然是大项;在剩余的两个没有周延的概念中则必然有一个是小项,因此,小项在前提中没有周延,为了不扩大外延,就要求小项在结论中也不得周延,小项是结论的主项,所以,结论必然是特称判断。

(4) EO 式。由于"两个否定前提不能得出结论",因此,这个形式是不成立的。

因此,如果有一个特称的前提,就只能得出特称的结论。

直言三段论的前提是两个直言判断,每个直言判断都有主、谓两个项,因此,在直言三段论的前提中一共有四个项,其中两个是相同的概念,即中项;中项可以处于大、小前提的任何位置,如此,直言三段论就形成了不同的形式。由于每个前提都有主项和谓项,因此,前提中共有四个位置,于是就产生了四个不同形式的直言三段论,我们称为四个"格"。

### 1. 第一格

中项在大前提中是主项,在小前提中是谓项。第一格的应用是最为广泛的,它最明显地反映了直言三段论的演绎特性,因此,这个格被称为"典型格"或"标准格",也因为其完善性,被称为"最完善的格"。

```
  M — P
  S — M
∴ S — P
```

可用图形表示为: ⟨Z形⟩

所有党的干部都是人民的公仆;
老周是党的干部;
所以,老周是人民的公仆。

### 2. 第二格

中项在大、小前提中都是谓项。由于第二格的结论必然是否定判断，因此，这一个格被称为"区别格"。

```
P —— M
S —— M
∴ S —— P
```
可用图形表示为：

所有的猫科动物都是食肉动物；
梅花鹿不是食肉动物；
所以，梅花鹿不是猫科动物。

### 3. 第三格

中项在大、小前提中都是主项。由于第三格的结论一定是特称判断，因此，这一个格被称为"反驳格"，即用个别情况来反驳全称的情况。

```
M —— P
M —— S
∴ S —— P
```
可用图形表示为：

人民警察都是国家公务员；
人民警察都是法律工作者；
所以，有的法律工作者是国家公务员。

### 4. 第四格

中项在大前提中是谓项，在小前提中是主项。这一格没有什么特殊的意义，在实际中也较少使用，其存在的价值更多是完善直言三段论"格"的体系。当然，在一些特殊的情况下，还是会应用到第四格。

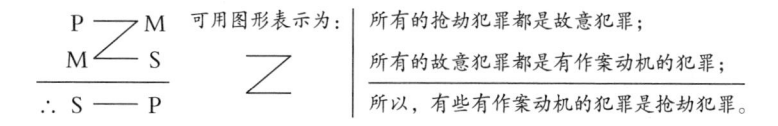

```
P —— M
M —— S
∴ S —— P
```
可用图形表示为：

所有的抢劫犯罪都是故意犯罪；
所有的故意犯罪都是有作案动机的犯罪；
所以，有些有作案动机的犯罪是抢劫犯罪。

按照 AEIO 四种判断的不同排列，直言三段论的每一个格都有

64 个不同形式（称为"三段论的式"），那么，直言三段论就一共具有 256 个式；但是，这些式中，有的违反了三段论的推理规则，比如两前提否定、两前提特称等等；有的推理是可以必然地得出全称结论的，却没有得出全称的结论，这种形式称为"弱式"。我们把 256 个式中违反规则的"式"和"弱式"去掉，结合四个不同的格，完全正确的直言三段论就只有 19 个"式"。这 19 个式就是直言三段论正确的推理形式。

## 复合判断推理

只要前提中包含了复合判断，我们就把这样的推理称为"复合判断推理"。常见的复合判断推理包括联言推理、选言推理、假言推理、二难推理等等。

### 联言推理

复合判断推理是以前提中是否包含复合判断为标志；联言判断虽然是复合判断，但联言推理与其他复合判断推理稍有不同，有的联言推理在前提中并没有联言判断，而结论是联言判断；因此，前提或结论是联言判断的推理，叫作联言推理。那么，联言推理就产生了两种形式，一种是前提为联言判断的推理，一种是结论为联言判断的推理。

#### 1. 分解式

即前提为联言判断的联言推理。根据联言判断的逻辑性质：只有所有的联言肢真，联言判断才真；因此，如果一个联言判断为真，那么其所有的肢就必然为真。

| p并且q | 可用符号表示为： | 孔子是伟大的思想家和教育家； |
|---|---|---|
| 所以，p | （p∧q）⊢p | 所以，孔子是伟大的思想家。 |

分解式联言推理是复合判断推理，由于它是由一个前提推出一个结论，因此，它同时也是直接推理。

### 2. 合成式

这是结论为联言判断的推理。它由多个前提真，推理而得出由这些前提为联言肢所构成的联言判断真。

| p | 中国是社会主义国家； |
|---|---|
| q | 中国是历史悠久的文明古国； |
| 所以，p并且q | 所以，中国不仅是社会主义国家，更是历史悠久的文明古国。 |

## 选言推理

选言推理是前提中包含选言判断，并根据选言肢之间的关系进行推演的推理。由于选言判断分为相容选言判断和不相容选言判断，因此，选言推理也有两种。

### 1. 相容选言推理

相容选言推理是前提中包含一个相容选言判断，并根据选言肢之间的相容性进行推演的推理。

死者或是死于仇杀,或是死于财杀,或是死于情杀;
死者并非死于财杀和情杀;
所以,死者死于仇杀。

可用符号表达为:$(p \vee q \vee s) \wedge \neg (q \vee s) \vdash p$

相容选言推理必须通过否定大前提中假的选言肢,才能必然肯定其他没有被否定的选言肢。由于相容选言推理的大前提是相容选言判断,选言肢断定的可能情况可以同真,因此,我们必须排除假的可能情况,才能必然得出肯定的结论,这种形式称为"否定肯定式"。

上例也可以通过两个选言推理来完成:

①死者或是死于仇杀,或是死于财杀,或是死于情杀;
死者并非死于财杀;
所以,死者或者死于仇杀,或者死于情杀。

可用符号表示为:$(p \vee q \vee s) \wedge \neg q \vdash (p \vee s)$

②死者或是死于仇杀,或是死于情杀;
死者并非死于情杀;
所以,死者死于仇杀。

可用符号表示为:$(p \vee s) \wedge \neg s \vdash p$

由于相容选言判断的选言肢可以同真,因此,不能通过肯定某个肢真而得出其他肢假的结论;要保证相容选言推理结论的正确,首先必须确保大前提所断定了所有的可能情况,要尽量做到客观穷尽,至少要保证主观穷尽(即在所断定的若干可能情况中,至少包含了一个真实的可能情况）；其次，要保证被否定的可能情况，必然不包括所有真实的可能情况。

**2.不相容选言推理**

不相容选言推理是大前提为不相容选言判断，并根据选言肢之间存在的相斥性进行推演的推理。由于不相容选言判断的肢与肢之间是相斥的，即不能同真，所以，当我们肯定某一个选言肢真，那么，其他选言肢就必然假；当我们否定了某些肢的时候，那么，剩下一个肢就必然真。因此，不相容选言推理有两种推理形式：

（1）肯定否定式

小前提肯定大前提中真实的一个选言肢，必然得到否定其他选言肢的结论。由于这种形式是由肯定大前提中真的肢，到得出否定大前提中假的肢的结论，即由肯定到否定，因此，我们把这种推理形式叫作"肯定否定式"，简称"肯否式"。

老张要么是警察，要么是法官，要么是检察官；
老张是检察官；
所以，老张不是警察，也不是法官。
可用符号表示为：$(p \veebar q \veebar s) \wedge s \vdash \neg (p \wedge q)$

（2）否定肯定式

小前提否定大前提假的肢，从而得出肯定大前提中真的肢的结论。由于这种形式是由否定到肯定，所以，我们将这种推理形式叫作"否定肯定式"，即"否肯式"。

> 这种动物要么是猫科动物，要么是犬科动物，要么是灵长类动物；
>
> 这种动物不是猫科动物，也不是犬科动物；
>
> 所以，这种动物是灵长类动物。
>
> 可用符号表示为：$(p \vee q \vee s) \wedge \neg (p \wedge q) \vdash s$

这个推理也可以用两个推理来表述：

> ①这种动物要么是猫科动物，要么是犬科动物，要么是灵长类动物；
>
> 这种动物不是猫科动物；
>
> 所以，这种动物要么是犬科动物，要么是灵长类动物。
>
> 可用符号表示为：$(p \vee q \vee s) \wedge \neg p \vdash (q \vee s)$
>
> ②这种动物要么是犬科动物，要么是灵长类动物；
>
> 这种动物不是犬科动物；
>
> 所以，这种动物是灵长类动物。
>
> 可用符号表示为：$(q \vee s) \wedge \neg q \vdash s$

在进行不相容选言推理的时候具有同样的要求：一是小前提要对大前提所断定的可能情况进行准确的否定或肯定；二是大前提所断定的可能情况要尽量做到客观穷尽，至少要保证主观穷尽。如上例，动物显然不只有猫科动物、犬科动物和灵长类动物三大类，可是在我们无法做到对所有的动物类别进行一一列举的时候，只要能够保证我们所断定的这三种可能情况中，至少有一种可能情况为真，即做到"主观穷尽"，则这个选言推理就是正确的。

**假言推理**

假言推理是大前提为假言判断,并根据其前后件的联系进行推演的推理。如前所述,有三种不同的假言判断,因此,假言推理也有不同的三个种类。

**1. 充分条件假言推理**

这是大前提为充分条件假言判断,并且根据其前后件之间存在的"多条件联系"进行推演的推理。"多条件联系"的特点是条件蕴涵后果,所以,充分条件假言判断有前件必有后件,没有后件就没有前件,如此,充分条件假言推理就有两种推理形式。

(1) 肯定前件式

小前提肯定大前提的前件,必然得出肯定大前提后件的结论。

如果我们懂道理,那么我们就应该讲道理;
我们懂道理;
—————————————————
所以,我们应该讲道理。

可用符号表示为:$(p \longrightarrow q) \wedge p \vdash q$

(2) 否定后件式

小前提否定大前提的后件,必然得出否定大前提前件的结论。

如果你是三好学生,那么你一定学习成绩好;
你学习成绩不好;
—————————————————
所以,你不是三好学生。

可用符号表示为:$(p \longrightarrow q) \wedge \neg q \vdash \neg p$

### 2. 必要条件假言推理

大前提为必要条件假言判断,并根据其前后件之间存在的"复条件联系"进行推演的推理就叫作必要条件假言推理。必要条件假言判断前后件之间的联系就是"复条件联系",其特点是没有前件就没有后件,有后件就必有前件。如此,必要条件假言推理也有两种形式。

(1)否定前件式

小前提否定大前提的前件,必然得出否定大前提后件的结论。

只有具有延展性的物体,才是金属;

这个物体不具有延展性;

所以,这个物体不是金属。

可用符号表示为:$(p \longleftarrow q) \land \neg p \vdash \neg q$

(2)肯定后件式

小前提肯定大前提的后件,必然得出肯定大前提前件的结论。

只有不谋私利的人,才是党的好干部;

老张是党的好干部;

所以,老张是不谋私利的人。

可用符号表示为:$(p \longleftarrow q) \land q \vdash p$

### 3. 充分必要假言推理

大前提为充分必要假言判断,并根据其前后件之间存在的"一条件联系"进行推演的推理就叫作充分必要条件假言推理,即"充要条件假言推理"。充要条件假言判断的特点是,有前件必有后件,没有前件就没有后件；有后件就必有前件，没有后件就没有前件。如此，充要条件假言推理就有四种形式。

（1）肯定前件式

$p \longleftrightarrow q$

$\underline{P}$

$\therefore q$

可表示为：$(p \longleftrightarrow q) \land p \vdash q$

（2）否定前件式

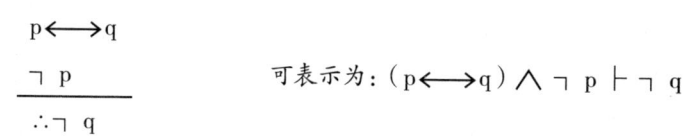

$p \longleftrightarrow q$

$\underline{\neg p}$

$\therefore \neg q$

可表示为：$(p \longleftrightarrow q) \land \neg p \vdash \neg q$

（3）肯定后件式

$p \longleftrightarrow q$

$\underline{q}$

$\therefore p$

可表示为：$(p \longleftrightarrow q) \land q \vdash p$

（4）否定后件式

$p \longleftrightarrow q$

$\underline{\neg q}$

$\therefore \neg p$

可表示为：$(p \longleftrightarrow q) \land \neg q \vdash \neg p$

当且仅当三角形的三内角相等，那么其三个边必然相等；

这个三角形的三内角相等；

所以，这个三角形的三个边必然相等。

用这个例子，即可代入充要条件假言推理的四个形式中，均能得出必然的结论。

> 当且仅当三角形的三内角相等，那么其三个边必然相等；
> 这个三角形的三内角不相等；
> ―――――――――――――――――――――――
> 所以，这个三角形的三个边必然不相等。

**二难推理**

二难推理又叫做假言选言推理，它的前提由两个充分条件假言判断和一个选言判断构成，结论或是直言判断，或是选言判断；其两个假言前提分别称为第一假言前提和第二假言前提。二难推理有四种不同的推理形式。

### 1. 简单构成式

简单构成式的两个假言前提具有不同的前件和相同的后件，选言前提无论肯定哪个大前提的前件，都必然得到肯定大前提后件的结论。由于这种形式是由肯定到肯定，因此称为"构成"；同时因为其结论是简单判断，所以冠以"简单"。

最著名的二难推理构成式莫过于著名的"半费诉讼"：传说欧提勒士向普罗泰哥拉斯学习法律，两人签订协议，规定欧提勒士先付一半学费，待学业完成后欧提勒士第一场官司胜诉，即付剩下的另一半学费。谁知欧提勒士学业完成后迟迟不出庭打官司，普罗泰哥拉斯等得不耐烦了，多次索要未果后便向法院提起了诉讼。

庭审前欧提勒士对普罗泰哥拉斯道："无论法院怎么判决，

我都不应该付剩下的一半学费。这是我的第一场官司,协议规定只有在我的第一场官司胜诉的情况下,才应该付剩下的一半学费。假如我败诉了,按照协议我就不应该付这一半学费;假如我胜诉了,根据法庭判决,我也不应该付这一半学费;所以无论如何我都不应该付剩下的这一半学费。"

我们把欧提勒士的这段话,用一个二难推理来表述:

| 如果我胜诉,那么我不应该付学费; | $p \longrightarrow r$ |
| 如果我败诉,那么我不应该付学费; | $q \longrightarrow r$ |
| 我要么胜诉,要么败诉; | $p \vee q$ |
| 总之,我不应该付学费。 | $\therefore r$ |

可用符号表达为:$(p \longrightarrow r) \wedge (q \longrightarrow r) \wedge (p \vee q) \vdash r$

**2. 简单破坏式**

简单构成式的两个假言前提具有不同的后件和相同的前件,选言前提无论否定哪一个大前提的后件,都必然得到否定大前提前件的结论。这种形式的结论是简单判断,推理进程是由否定到否定,因此称为"简单破坏"。

在笔者所著的《基本演绎法》中介绍了这样一个案例:某日夜,周某被害。经调查,有两人指认案发前二十分钟左右,曾看到庄某从小路走向现场方向,一个多小时后,又看到庄某慌慌张张从该路返回。勘查发现,庄某行经的小路唯一通往的方向就是案发现场,且在现场附近侦查员发现了庄某的足迹,并在庄某家中找到了杀害周某的镰刀。在审讯中,侦查员指出:由于庄某的行经方向和时间与周某被害时间和地点重合,那么，周某被害要么是庄某所为，要么庄某目睹了周某被害的过程，并出示了作为凶器的镰刀。面对事实，庄某承认自己到过案发现场，但否定周某被害是自己所为。

他辩解说："我当晚是去找白天掉在地里的镰刀，刚走到土埂上就看到周某在地里与邻村的谢某在争吵，突然谢某捡起我白天掉在地里的镰刀砍向周某，连砍几刀后周某倒了下去，而谢某扔掉镰刀后跑了。我后来过去看了看，发现周某好像死了，心里害怕，忙拾起镰刀就悄悄地回家了。"侦查员问："你为什么确定杀人的就是谢某？"庄某道："那天晚上有月亮，谢某刚好面对着我，我藏在土埂边看得很清楚，谢某下巴上的痣都看得见。"侦查员立即指出："案发时，月亮刚刚升起，按你在土埂边、谢某在地里的位置，月亮正好照在你的脸上，而谢某面对你，那么就必然背对月亮，你怎么可能看清谢某的脸，甚至还能看到他下巴上的痣？"庄某顿时张口结舌说不出话来。

**我们来看看侦查员构建的二难推理：**

　　如果你能看清谢某的脸，那么谢某就不能面对月亮；（谢某面对月亮就只能看到其后背）

　　如果你能看清谢某的脸，那么谢某就不能背对月亮；（谢某背对月光则其脸部不清楚）

　　谢某或面对月亮，或背对月亮；

　　总之，你不能看清谢某的脸。

$p \longrightarrow q$
$p \longrightarrow r$　　可用符号表达为：
$\neg q \vee \neg r$　　$(p \longrightarrow r) \wedge (q \longrightarrow r) \wedge (\neg p \vee \neg q) \vdash \neg r$
∴ $\neg p$

### 3. 复杂构成式

复杂构成式的两个假言前提具有不同而又相互关联的前件和后件，只要选言前提肯定前件，就必然得出肯定后件的结论。这种形式的推理进程是由肯定到肯定，而结论是复合判断中的选言判断，所以，称为"复杂构成"。

一位父亲有两个可爱的女儿，大女儿嫁给了陶工，小女儿嫁给了农夫。一日，大女儿回家探父，闲聊中说到生活的艰辛，叹道："近日阴雨连绵，做好的泥坯总是干不了，陶窑都闲着，再这样下去就麻烦了，女儿请求父亲帮忙祈祷上天不要下雨了，赶快出太阳吧。"父亲满口答应了。

大女儿刚走，小女儿便进了家门，进门刚一坐下，小女儿便喜滋滋地说："最近天气真是太好了，前段时间总出太阳，地里的庄稼都快干死了。这几天连续阴雨，地里的禾苗全都返青了，绿油油一片可喜人啦。女儿想父亲帮忙祈祷上天，让这雨再下几天吧。"父亲也满口答应下来。

小女儿离开后，父亲开始准备祈祷，等香案祭品都准备妥当后，父亲却犯了难，他不知道该祈求上天下雨呢还是出太阳。手背手心都是肉，父亲看着香案上的满桌祭品真的是进退维谷、一筹莫展。

我们来看看这个父亲面临着一个怎样的二难推理：
  如果祈求下雨，那么对小女儿有利对大女儿不利；
  如果祈求出太阳，那么对大女儿有利对小女儿不利；
  或者祈求下雨，或者祈求出太阳；
---
  总之，要么对小女儿有利对大女儿不利，要么对大女儿有

利对小女儿不利。

$$p \longrightarrow s$$
$$q \longrightarrow r \quad \text{可用符号表达为：}$$
$$\underline{p \vee q} \quad (p \longrightarrow s) \wedge (q \longrightarrow r) \wedge (p \vee q) \vdash (s \vee r)$$
$$\therefore s \vee r$$

### 4. 复杂破坏式

复杂破坏式的两个假言前提具有不同而又相互关联的前件和后件，只要选言前提否定后件，就必然得出否定前件的结论。这种形式的推理进程是由否定到否定，而结论是复合判断中的选言判断，所以，称为"复杂破坏"。

> 某位领导喜欢不分场合乱说话，而且还沾沾自喜地认为自己之所以乱说话是因为性格直爽。同事多次或在部门会议上，或者谈心谈话时指出了他的这个缺点，这位领导却不以为然，依旧我行我素。同事们经常私下议论，有的认为这个领导觉悟不高，根本没有认识到错误；有的认为这个领导的态度有问题，根本就不承认"乱说话"是一种错误。
>
> 如果这个领导觉悟高，那么他就能够认识错误；
> 如果这个领导态度好，那么他就能够承认错误；
> 他或者不认识错误，或者不承认错误；
> 总之，这个领导或觉悟不高，或态度不好。

$$p \longrightarrow s$$
$$q \longrightarrow r$$
$$\neg s \vee \neg r$$
$$\therefore \neg p \vee \neg q$$

可用符号表达为：

$(p \longrightarrow s) \wedge (q \longrightarrow r) \wedge (\neg s \vee \neg r) \vdash (\neg p \vee \neg q)$

一般认为，二难推理也称二难法，是让人进退两难的一种诘难方法，其结论具有不可辩驳性，但是，这必须建立在"前提真实"同时"遵守规则"（遵守假言推理规则）的前提下。不过有的二难推理看似符合逻辑，实际上却隐含着诡辩，对此通常是建立一个相反的二难推理予以驳斥。

如"半费诉讼"：普罗泰哥拉斯毕竟是老师，怎么可能被学生如此简单地难倒呢？听完欧提勒士得意的话，普罗泰哥拉斯笑道："好，就按照你的逻辑来解决吧。如果你败诉了，根据法院判决你得把学费给我；假如你胜诉了，根据我们之间的协议你也得把学费给我。所以，无论出现哪一种情况，剩下的那一半学费你是赖不掉的。"

| 如果你败诉，那么你应该付学费；（根据法院判决） | $p \longrightarrow r$ |
| 如果你胜诉，那么你也应该付学费；（根据协议） | $q \longrightarrow r$ |
| 你要么败诉，要么胜诉； | $p \vee q$ |
| 总之，你应该付学费。 | $\therefore r$ |

可用符号表达为：$(p \longrightarrow r) \wedge (q \longrightarrow r) \wedge (p \vee q) \vdash r$

需要强调的是，复杂式中的两个假言前提分别具有不同的前件和不同的后件，有效的二难推理必须保证两个假言前提的所有假言肢之间应该具有必然的联系，否则就不能形成有效的二难推理。

> 如果乘坐飞机，那么就能快速到达目的地；
> 如果天降大雪，那么就一定很冷；
> 或者乘坐飞机，或者天降大雪；
> ―――――――――――――――――
> 总之，或者能快速到达目的地；或者很冷。

这不是二难推理，虽然两个假言前提都是正确的判断，但是，它们之间没有任何必然联系，因此，将它们组合在一起，并不能构成二难推理。

## 演绎推理的特殊形式

我们一般认为演绎推理是必然推理，其结论是必然得出的，但在推理的实际应用中，有的演绎推理的结论并非是必然的，这是演绎推理的一种特殊形式，我们一般将这类推理称为"演绎推理的或然形式"，也叫作"或然的演绎推理"。

> 小红是Y重点高中的"学霸"；
> 这个女孩是Y重点高中的"学霸"；
> ―――――――――――――――――
> 所以，这个女孩（可能）就是小红。

前面说过，正确的直言三段论"中项必须周延一次"，这个推理的中项在两个前提中，都处于肯定判断谓项的位置，因此，两次都不周延，犯"中项不周延"的错误，但由于它得出的是或然结论，其结论和前提之间是具有联系的，因此，这个结论是合理的。

> 如果凶器上有谁的指纹，那么谁就是作案者；
> 凶器上有王某的指纹；
> 所以，王某就是作案者。

这个推理的大前提是充分条件假言判断，其前、后件之间虽然具有某种联系，但这种联系并不具有必然性，因此，就算是遵守了推理的规则，结论也并非必然为真。

以上两例虽然结论都不能肯定为真，但毕竟具有可能性，这样的推理在人们认识客观对象的时候，具有不可否认的作用，或者说这样的推理也是我们认识客观对象时不可忽视的方法之一。这种有实际作用但结论不必然为真的推理，由于其思维进程是由一般到特殊，因此，我们就把它称为"演绎推理的或然形式"或者"或然的演绎推理"。

导致演绎推理成为"或然形式"的原因，或是因为其前提不一定真，或是因为在推理过程中没有遵守某条推理规则。既然结论并不能保证真实性，为什么又认为这样的推理具有实际作用，并成为认识客观对象时不可忽视的方法之一呢？其实，只要我们深入分析客观对象的存在状态便可理解。作者认为，对象的存在状态一般分为三种：一是理论，二是事实，三是合理。

比如一个三段论推理：嫌疑人右手虎口处有一条约两厘米的月牙形伤疤；章某右手虎口处有一条两厘米的月牙形伤疤；所以，章某是嫌疑人。

这个推理显然犯"中项不周延"的错误，因此，结论不是必然得出的，也不必然为真。没错，当"右手虎口处有一条约两厘米的月牙形伤疤"是普遍概念的时候，的确这个推理是违反规则的；那么，"右手虎口处有一条约两厘米的月牙形伤疤"是不是普遍概念呢？从理论上来说，它肯定是普遍概念，很显然，在这个世界上"右手虎口处有一条约两厘米的月牙形伤疤"的人不会只有一个，因此，"右手虎口处有一条约两厘米的月牙形伤疤"从理论上来说是一个普遍概念。

但是，鉴于案件特殊的时间、空间、地域和与被害人关系等等方面的限制，"右手虎口处有一条两厘米的月牙形伤疤"的人就可能只有一个，也就是说，与案件、被害人等有关联关系的人中，"右手虎口处有一条两厘米的月牙形伤疤"的人就具有特殊性，很可能只有一个人，那么，从事实上来说，这就不是一个普遍概念，而是单独概念；因为单独概念的外延只有一个，当我们对单独概念进行断定的时候，实际上就断定了它的所有外延，"右手虎口处有一条两厘米的月牙形伤疤"在这个推理中就是周延的，那么，结论就是必然得出的，且必然真，这是事实所决定的。

然而，案件具有许多不可预知性，客观上，我们既不能肯定"右手虎口处有一条两厘米的月牙形伤疤"是一个普遍概念，也无法确保它是一个单独概念，但我们依然可以得出"章某是嫌疑人"的结论，这个结论不必然为真，但却是合理的。

在我们认识客观对象的过程中，"理论性"与"事实性"非常重要，但也许"合理性"更能拓展我们的思维，更具有探究性和创造性。

## 非演绎推理

非演绎推理是演绎推理以外的其他推理，其种类很多，在这里我们主要介绍最常用的两种非演绎推理，即归纳推理和类比推理。

## 归纳推理

归纳推理是通过若干的个别情况，推知具有普遍性的情况；其思维进程与演绎推理正好相反，是由特殊到一般。

> 地球的运行轨道是椭圆形的；
> 火星的运行轨道是椭圆形的；
> 土星的运行轨道是椭圆形的；
> 冥王星的运行轨道是椭圆形的；
> ─────────────────
> 所以，太阳系大行星的运行轨道都是椭圆形的。

这就是归纳推理，它根据共性存在于个性之中的原理，以几个反映个别对象的情况为前提，推演出一个具有普遍性的结论。

一般来说，归纳推理的结论虽然是合理的，但却是或然的，只有当前提断定了某对象的所有情况时，归纳推理的结论才是必然的；这种前提断定了对象的所有情况的归纳推理，我们称为完全归纳推理。

因此，归纳推理便分为完全归纳推理和不完全归纳推理。

### 完全归纳推理

完全归纳推理是根据某类事物的每一个对象都具有（或不具有）某种属性，推出这一类事物具有（或不具有）这种属性的归纳推理，由于其前提对该类事物的每一个对象情况都进行了断定，因此，结论是必然得出的。

J公司的销售部共有五名员工，因为大家的业绩都很突出，因此，年底的时候该部门获得了公司的奖励，这五名员工也被评为优秀员工。

  小李是优秀员工；
  小吴是优秀员工；
  老张是优秀员工；
  小霞是优秀员工；
  小玉是优秀员工；
  ————————————————
  所以，J公司销售部的员工都是优秀员工。

完全归纳推理要求必须客观穷尽某事物的所有对象，才能获得必然的结论，如果出现遗漏，就不是完全归纳推理，其结论也不具备必然性。

**不完全归纳推理**

虽然完全归纳推理的结论具有必然性，但是要做到对任何对象的情况都客观穷尽非常困难，甚至是根本不可能的，因此，完全归纳推理在实际应用中具有很大的局限性，于是，我们更多的时候会使用不完全归纳推理。

不完全归纳推理是根据某类事物的部分对象具有（或不具有）某种属性，从而推知该类事物的所有对象都具有（或不具有）这种属性的归纳推理。

不完全归纳推理大多是根据两个或两个以上对象的情况，得出结论的归纳推理；最极端的是只以一个对象的情况就推出结论，这种不完全归纳推理叫作简单枚举归纳推理，简称为"枚举法"或者"简单枚举法"。

**1. 简单枚举归纳推理**

简单枚举归纳推理是根据某类事物的一个对象具有（或不具有）某种属性，从而推知该类事物的所有对象都具有（或不具有）某种属性。

> 焦裕禄是党的干部，他一生勤勤恳恳、任劳任怨为老百姓谋幸福；
> 
> 所以，党的干部都是勤勤恳恳、任劳任怨为老百姓谋幸福的。

这就是简单枚举，以焦裕禄这样一个党的干部为例，得出关于"所有党的干部"这一类对象的普遍性结论。当然，通过这个例子，我们也可以看出，简单枚举法获得的结论并不必然为真。虽然简单枚举的结论是或然的，但并不妨碍我们可以用这种方法去认识客观对象。

简单枚举法是一种特殊的归纳推理，获得的结论有很大的或然性，非常不可靠，这就需要我们尽可能提高结论的可靠程度。

**2. 科学归纳推理**

要提高结论的可靠程度，最直接的方法，就是尽可能多地考察同一类事物中的对象，考察的对象越多，越接近完全归纳推理，结论就越可靠。当然，仅靠考察对象的数量，同样不能有效保证结论的可靠，因此，更重要的是深入研究考察对象与结论之间的有机联系，即"因果联系"，前提（考察对象情况）是原因，结论（一类对象情况）是结果。当我们一方面尽可能多地列举了同一类事物中的对象情况，另一方面分析出对象情况产生的因果联系，这样获得的结论虽然仍具有或然性，但其可靠程度就会得到大幅度提高。我们通常用科学理论为指导，探究现象之间内在的因果联系，再概括出一般性的结论，这种分析结果与原因之间的联系的归纳推理，被称为科学归纳推理，也叫科学归纳法。

张某被害于自己家中，当日在银行取的三万元现金不翼而飞。破案后据嫌疑人交代：嫌疑人看到张某在银行取了三万元钱，然后尾随至其家中，寻机杀害张某并拿走了张某身上的三万元现金。李某晚上七时许，被人杀死在城郊某鱼塘旁边，其上衣口袋外翻。询问李某妻子得知，李某当日到城郊某鱼塘钓鱼，身上带有约两千元钱，但勘查现场的时候，侦查员在李某身上并没有发现现金。破案后据嫌疑人交代，嫌疑人与被害人同时在鱼塘钓鱼，在相互接触和攀谈的时候，嫌疑人得知被害人身上有两千元钱，一时见财起意，杀害了李某并拿走其身上的钱。王某被害于家中，据调查，王某身上的现金和手上的腕表，以及摆放在家里的一座翡翠貔貅玉雕同时失窃。破案后据嫌疑人交代，嫌疑人之所以杀害王某，就是想得到这座翡翠貔貅玉雕。这三起案件都是以侵财为目的的杀人案件，案件发生的同时，被害人的钱财都被嫌疑人拿走，所以，所有的侵财杀人案都伴随着被害人钱财损失的情况。

张某被害，其钱财损失；
李某被害，其钱财损失；
王某被害，其钱财损失；
嫌疑人之所以杀害被害人，其目的都是为了非法占有被害人的钱财。
所以，所有的侵财杀人案都伴随着被害人的钱财损失。

这个结论是分析了作案者的动机与"钱财损失"的结果之间的因果联系而获得的,虽然还是不具有必然性,但可靠程度较高;我们并不能因为被害人有钱财损失,就必然地认为是侵财杀人,但如果没有钱财损失,却基本可以否定侵财杀人的可能。

科学归纳法的结论是否可靠,并不取决于前提数量的多寡,而是由前提和结论之间是否存在必然联系所决定,有的推理只需要一个前提即可得出比较可靠的结论,我们把这种科学归纳推理称为"典型事例分析法"。

> 大家都知道"麻雀虽小五脏俱全"这个道理,我们要得出这个结论,只需要解剖一只麻雀就可以了,解剖一百只甚至一万只麻雀,并不比解剖一只麻雀更能说明这个道理,这就是典型事例分析法。

> 这只麻雀五脏俱全;
> 这只麻雀的五脏都是通过解剖发现的。
> ————————————————
> 所以,所有的麻雀都是五脏俱全的。

### 探求因果联系的方法

科学归纳法的核心在于探求现象之间的因果联系,要正确运用科学归纳推理,就必须掌握探求因果联系的方法。目前应用最为广泛的探求因果联系的方法,是由英国哲学家穆勒(J. S. Mill, 1806—1873)在《逻辑体系》一书中提出来的,一共有五种,因此,也称"穆勒五法"。

### 1. 求同法

求同法也称契合法，顾名思义，这种方法的思维目的在于寻求共同点，即探寻原因与结果共同存在的方法。简单地说，如果现象 A 出现，就有现象 a 出现，那么现象 A 就是现象 a 的原因，现象 a 就是现象 A 的结果。结果和原因通常不是一对一出现的，我们大多数时候都是在若干疑似原因的现象中，去寻找真正的原因，求同法就是用来寻找原因的逻辑方法之一。

可用公式表示：疑似现象　　结果
　　　　　　　　ABCD　　　a
　　　　　　　　ABEF　　　a
　　　　　　　　ACEG　　　a
　　　　　　　　ADFG　　　a
　　　　　　　所以，A 是 a 产生的原因。

某单位会议室每次开完会后都会被人打扫得干干净净，但该单位并没有雇请专门的清洁工打扫会议室。多次以后，单位领导发现了这个情况，并分析认为：应该是某个参会人员在开会结束、大家离开后打扫了会议室。领导询问了部分相关人员，但没有人承认自己打扫了会议室，于是，领导对多次会议的参加人员进行了排查，发现由于主题不同，每次会议参会人员也不尽相同，但办公室秘书科副科长张滨由于负责会议记录，因此，每次会议都参加了，因此，得出结论：是张滨主动打扫了会议室。

| 参会人员 | 会议室被打扫的情况 |
| --- | --- |
| ABCD 张滨 | 发生 |
| ABDE 张滨 | 发生 |
| CDEF 张滨 | 发生 |
| BCFG 张滨 | 发生 |
| FGHI 张滨 | 发生 |

由于每次会议都有张滨参加，会后会议室都被打扫干净；所以，打扫会议室的人是张滨。

我们通过这个例子可以看出，求同法获得的结论并不是必然的，但是，这并不妨碍它成为我们认识客观对象的重要方法之一。

### 2. 求异法

求异法也叫差异法，它与求同法的思维方向刚好相反，通过字面意义就知道是寻求不同点，即探求原因与结果共同不存在的方法。如果现象 A 不出现，现象 a 就不出现，那么现象 A 就是现象 a 产生的原因。

某单位要进行人事变动，领导组织相关人员对岗位和人选进行了多次讨论，并要求参会人员在没有正式宣布人事变动前对会议内容严格保密。可是，会后很快就有人来领导家里"拜访"，显然会议内容泄密了。领导反复思考，认为人力资源部普通干事谢××泄密的可能性比较大。为了证实一下自己的推测，领导又组织了几次人事会议，发现没有谢××参加的会议没有泄密的情况发生，于是做出断定：泄密者就是谢××。

| 参会人员 | 泄密情况 |
|---|---|
| ABCDE 谢×× | 发生 |
| ABCDE | 未发生 |
| BCDEF | 未发生 |
| CDEFG | 未发生 |
| DEFGH | 未发生 |

所以,谢××是泄密者。

虽然,求异法获得的结论依然是或然的,但是由于它是在可能原因与结果同时存在的基础上,去考察两者同时不存在的情况,因此,相对而言,其结论比求同法要更为可靠。

### 3.并用法

所谓并用法,就是求同法和求异法同时使用的方法。我们考察结果a出现的一组情况,如果有现象A出现,再考察结果a不出现的一组情况,如果没有现象A出现,那么现象A就是现象a产生的原因。

某饭馆老板发现,近段时间每天用相同价格购进同样的原材料,所出品的菜肴数量有极大的差异,如果略有出入应该是正常现象,但这种差异就已经超出正常的范围了。老板根据经验知道造成这种非正常情况不外乎两个原因:①厨房加工菜肴时产生了极大的浪费;②购买的原材料缺斤少两。于是老板安排人到厨房观察了几天,发现厨房的菜肴加工没有明显的浪费现象,但不正常的情况仍然还是会偶尔出现,于是认为:购买的原材料缺斤少两极可能是造成不正常情况的原因。那么,缺斤少两是出自购买材料的员工身上,还是因为供货方的因素呢？老板认真考察了材料进货的不同情况，发现每次朱某供应的食材都明显分量不足，而其他供货方供应的食材都斤两充足，因此，老板最后得出结论：出品菜肴数量不正常的原因，是由于朱某供应的食材缺斤少两。

| 食材供货方 | 分量 |
| --- | --- |
| A | 充足 |
| B | 充足 |
| C | 充足 |
| …… | |
| 朱某 | 不足 |
| 朱某 | 不足 |
| 朱某 | 不足 |
| …… | |

所以，朱某供应的食材缺斤少两是导致菜肴数量不正常的原因。同样，并用法获得的结论仍然是或然的，但由于它考察了现象存在和不存在两方面的情况，因此，大大提高了结论的可靠程度。

4. 共变法

两种现象同时存在，如果某现象发生了变化，而另一现象也随之发生相同的变化，那么，我们认为，这两种现象之间具有因果联系，前一种现象是原因，后一种现象是结果。即现象 A 出现，则现象 a 也出现，当现象 A 发生 A+ 的变化时，现象 a 也发生 a+ 的变化，于是，我们得出结论：现象 A 是现象 a 产生的原因。

某市纪委接到该市某单位群众举报，该单位班子成员周某与其下属姚某之间关系特殊，并存在违规提拔的情况，市纪委随即派调查员展开调查。据查：在周某担任某镇镇长期间，把当时还是镇医院临时工的姚某调入机关工作；周某调入本单位任人事处长后，姚某不久也调入该单位并顺利转为公务员，两年后升为后勤处物资科副科长；物资科科长退休后，任副科长不到两年的姚某顺利接班，成为物资科科长；周某升任该单位副职后，姚某也很快出任后勤处副处长。据此，纪委调查人员断定：周某与姚某之间存在不正常关系。

| 周某的地位变化情况 | 姚某的地位变化情况 |
| --- | --- |
| 任镇长 | 调入镇机关 |
| 任处长 | 从临时工转为公务员、副科长、科长 |
| 任单位副职 | 副处长 |

所以，周某与姚某之间存在不正常关系。

这个结论当然也是或然的，但由于共变法不仅考虑到两个现象同时存在的情况，而且对它们之间出现的变化也进行了对比，因此，其可靠程度比较高，非常具有思维价值。

5. 剩余法

剩余法是分析若干可能现象与若干疑似结果之间的联系，当逐步排除其中已确认有因果联系的可能现象与疑似结果后，认为剩余的可能现象与疑似结果之间存在因果联系的方法。

即如果有可能现象 ABC 出现，同时疑似结果 abc 也出现，经分析确认，可能现象 B 是疑似结果 b 产生的原因，可能现象 C 是疑似结果 c 产生的原因，那么，可能现象 A 就是疑似结果 a 产生的原因。

某班同学毕业十年后组织了一次同学会，李明早早来到聚会地点，这是一个同学开的农家乐。李明以为自己是最早来的，结果有的同学来得更早，聚会的农家乐已经到了八个同学，同学见面都很亲切，相互拥抱寒暄。李明发现除了六个男同学外，还有两个女同学在另一边与三个年轻漂亮的女孩聊得很开心，这三个女孩李明都不认识。因为同学会通知上说，有异性朋友的都尽量带上参加聚会，因此，李明暗暗揣测，这三个女孩肯定是那六个男同学中三个同学的女朋友。根据自己掌握的信息，李明知道：王兵和赵小志还没有女朋友，李力正在追同班同学徐娜娜，那么，这三个女孩应该是钱磊、周海骅和吴毅铭的女朋友。李明经过半个多小时的观察，通过分析大家的言谈举止，认定穿红色连衣裙、长发披肩的女孩是周海骅的女朋友；留着一头干练的齐耳短发、穿一身运动装的女孩是吴毅铭的女朋友；所以，另一个挽着发髻、穿一件碎花旗袍的女孩，肯定就是钱磊的女朋友了。

如果我们用 ABC 分别代表钱磊、周海骅和吴毅铭，用 abc 分别代表挽着发髻、穿碎花旗袍的女孩和穿红色连衣裙、长发披肩的女孩以及留着齐耳短发、穿运动装的女孩，那么，李明的思维过程则可描述为：

| 可能对象 | 疑似结果 |
| --- | --- |
| ABC | abc |
| B | b（连衣裙女孩是周海骅的女朋友） |
| C | c（运动装女孩是吴毅铭的女朋友） |

所以，通过 A 可以确定 a。（即，旗袍女孩是钱磊的女朋友）
由于剩余法并不深入探寻可能对象疑似结果之间互为因果的本

质因素而得出结论,因此,结论同样并不必然为真。

"穆勒五法"获得的结果虽然都不必然为真,但它们作为支撑科学归纳推理的理论与实践依据,具有不可忽视的地位,是我们进行创造性思维、认识客观对象时必备的重要思维工具。

## 类比推理

类比推理又称为"类推"或"类比法",属于非演绎推理,其思维进程是由特殊到特殊,即通过对某个对象所具有的属性的分析,推导出类似的另一个对象也具有相同的属性。我们常说的"由此及彼""举一反三""触类旁通"等,就是类比推理。

因为扶贫工作需要,小李来到某贫困村担任村支部第一书记。他上任后即对该村进行了考察,发现村里的所有土地几乎都毫无例外地种着玉米,全村也没有什么像样的养殖业和种植业,村民长期挣扎在贫困线上。小李来自农村,对该村的情况非常惊讶,"为什么不种植其他附加值比较高的果树或者农作物呢?"带着这个疑问,小李通过深入调研了解到,该村水资源匮乏,仅有的一条贯穿全村的小河水流量不足,河水常年处于时有时无的状态,特别是在作物浇灌期,由于上游用水量大,往往会造成河水干涸,因此,只能种植比较耐旱的玉米。小李的家乡新农村建设搞得很好,养殖、种植业态多种多样,村里非常富裕。小李请农业专家对该村的土壤进行了科学分析,得知与自己家乡的土质相似,气候也与自己家乡差不多,因此,小李带领全村村民开始筑水坝、修水池,用申请来的扶贫经费建浇灌网和购买果树苗等等。小李认为,只要解决了水源问题，该村一定会很快富裕起来。

小李的结论就是通过类比推理获得的，如果我们用 A 表示小李的家乡，B 表示贫困村，用 a 表示土壤，b 表示气候，c 表示水源，d 表示富裕生活，那么，小李的思维可表述为：

A 对象有 abcd 的属性，
B 对象有 abc 的属性，（属性 c 通过努力可以形成）
所以，B 对象也有 d 属性。
这种类比推理可以叫作"比较类比"。

于某（女）突然死亡，既无外伤，也无中毒情况，也非突发疾病致死，两次尸检均未发现其死亡原因。在第三次尸检中，法医剃去死者头发，发现其后颈与头部之间有针尖大小的凝血块，去掉血块后看见一细小针孔，据此，法医决定开颅检查。开颅后，法医看到死者延脑有明显损伤，遂认定，于某系被人用长针从后颈部插入延脑致死，由于这类死因极其罕见，法医决定进行试验。他选用了一只兔子和一只小狗，用长针由动物的后颈部刺入，轻轻搅动后，两只动物均瞬间毙命。于是认定，作案者应该有医学背景，医务工作者作案的可能性较大。

法医用的也是类比推理，这种类比推理叫"模拟类比"，也称为"实验类比"；所谓"情景再现"通常指的就是这种类比法。
一般来说，任何类比推理都不能得出必然的结论，通过以上两例我们可以发现，它们获得的结论都并不必然为真，这是类比推理的特点。

正因为类比推理的结论不必然为真，因此，在应用这种推理时，要尽可能提高结论的可靠程度。提高类比推理结论可靠性的方法，通常有三种：一是更多地比较两个或两类对象的属性，比较的属性越多，越容易发现属性间的有机联系；二是尽可能深入研究属性间的制约关系，通过分析属性间的制约关系，获得的结论才有较高的可靠性；三是寻找有无和结论相互排斥的情况，如果没有此类情况，结论才有可能为真。

Part 3

第三章　逻辑思维的基本规律

逻辑思维的基本规律也简称为"思维规律"，是人们在进行思维时必须遵守的规律，任何正确的思维都不能违反这些规律；逻辑思维的基本规律用来保证我们思维的准确性、一贯性、明确性和合理性，如果不遵守这些规律，就不能获得正确的结论。

逻辑思维的基本规律一共有四条，即同一律、矛盾律、排中律和充足理由律。

# 同一律

同一律是关于思维准确性的规律，它要求我们：在同一个思维过程中，对运用着的同一个概念，必须保持同一个意义，不能随意改变其意义。即，在同一个思维过程中，如果我们运用到 A 这个概念，就必须从头至尾保持 A 的意义，不能表面上是在运用 A 这个概念，实际上表达的是 A+ 或 A− 的意义。

五四运动是中国历史上一次反帝反封建的伟大运动，在这场运动中，广大的仁人志士高喊着民主、科学和反帝反封建的口号，试图唤醒"沉睡"的民众奋发图强，救民族于危亡。这场运动彰显了一大批仁人志士忧国忧民的爱国主义精神，体现了无私奉献的高度社会责任感，宣传了民主科学的进步精神；在这场运动中，无数青年学生表现出勇于追寻时代潮流、把握时代命运的伟大探索精神。

这里三次使用了"这场运动"这个概念，毫无疑义它们所指的都是"五四运动"，在这段文字中，始终保持着同一个意义，因此，我们认为这是遵守同一律的。

可以用公式将同一律表示为：A=A。

在表达思想、与人交流的时候，如果我们有意或无意地改变了一个正在运用着的概念的意义，或者有意无意地改变了正在讨论的论题，都是违反同一律的，都不是正确的思维。

> 小明和他的斗牛犬在草地上玩耍，这时，一直与小明不和的小华正好从旁边路过。小华鄙夷地看了小明和斗牛犬道："真无聊，居然和一头猪玩得这么高兴。"小明冷笑道："不懂就不要乱说，这是斗牛犬，连狗和猪都分不清楚，真没知识。"小华"哈"了一声道："又没有跟你说话，我在和狗说，你搭什么嘴。"

小华这是在拐着弯骂小明是猪，我们没必要去弄清楚他们俩之间到底有什么矛盾，但小华的话中故意偷换了"说话对象"是显而易见的。我们都知道，正常情况下，小华的"说话对象"应该是小明，而小华有意将"说话对象"偷换为"狗"，目的当然是为了骂小明。我们把这种违反同一律、有意无意地赋予一个概念完全不同的意义的错误称为"偷换概念"。

笔者看到过这样一个笑话：

> 丈夫在下班的时候接到了妻子的电话，妻子告诉他："回来时记得买四个包子，如果看到有人卖西瓜，就买一个。"不一会儿，妻子看到丈夫进了家门，手里还拿着一个包子。妻子非常诧异："我不是叫你买四个包子吗，怎么只买了一个？"丈夫回答道："我看到有人在卖西瓜呀，所以，就只买了一

个。"妻子闻言顿觉欲哭无泪。

丈夫当然不是故意装傻,而是曲解了妻子的意思,妻子所说"看到有人卖西瓜就买一个",这里的"买一个"指的是买一个西瓜,而丈夫把"看到有人卖西瓜就买一个"中的"买一个",理解为买一个包子。这是一种用一个似是而非的概念,来取代原概念的违反同一律的错误,叫作"混淆概念"。

公共汽车上站着一位老人,一手拎着装满东西的塑料袋,一手紧紧地抓着身旁座椅的靠背,随着车辆的行进不断地摇摇晃晃。一位中年人见状便轻轻拍了拍坐在座椅上正在低头玩手机的一个年轻姑娘:"小姐,请问你能给这位老人让个座吗?"那姑娘抬头看了老人一眼,对中年人道:"关你什么事,装什么好人?"中年人道:"尊老爱幼是人的美德,你这么年轻,站一下没什么吧?"姑娘鄙夷地撇了撇嘴角:"哟哟哟,还尊老爱幼,还美德,要学雷锋自己学去,装什么大尾巴狼?"中年人生气了:"你这人咋这样说话,没人教你怎么做人吗?"姑娘提高了嗓门:"做人,你懂什么叫做人?跟流氓我就这么说话,怎么了?"中年人大怒,也大声道:"我怎么就是流氓了?你说清楚,请你给老人让个座就是流氓吗?"姑娘冷哼一声道:"给老人让座和你对我动手动脚有什么关系?想趁机占便宜吧。"中年人涨红了脸:"你胡说八道,我什么时候对你动手动脚了?"姑娘不依不饶地嚷道:"大家都可是看到的,你叫我的时候趁机摸了我。"说着还伸手擦了一下脸,"你们看,口水都吐到我脸上来了,这不是耍流氓是什么?"于是,这两人就针对"是不是耍流氓"吵开了。

我们不得不承认，姑娘成功地给中年人挖了一个"坑"，而中年人也不自觉地掉入了这个坑中。很显然，两人最初争论的主题是"应不应该给老年人让座"，但是，随着姑娘的引导，论题发生了转化，变成了"中年人是不是在耍流氓"，争论主题的急转直下让人啼笑皆非。但是，从逻辑思维的角度分析，姑娘的思维过程是不正确的，其论辩违反了同一律，这种错误称为"转移论题"。

> 过去由于科技不够发达，医疗设备也不先进，医院误诊的情况时有发生。某位老人就是在这种情况下，被医生误诊为癌症，结果在剖腹手术时打开腹腔发现并没有恶性肿瘤，在老人的腹腔中只有两个囊肿。病人家属非常愤怒，在病房中围着医生不依不饶、争吵不休，老人倒是通情达理，笑着对家属说："你们就别吵了，没得癌症不是很好的事吗？你们这么不高兴，是不是希望我得癌症呀？"此话一出，病房立即安静下来。

家属争吵的主题是"医生该不该误诊"，而老人将争吵的主题引导为"没有得癌症是否应该高兴"，当然，老人不是不知道医生出现了误诊，而是想平息家属的愤怒，化解医患矛盾。虽如此，仅从逻辑思维的角度分析，老人的目的是好的，但其思维是故意违反同一律的，这种错误称为"偷换论题"。

无论是"偷换概念""混淆概念""偷换论题""转移论题"都是违反同一律的，都称为"诡辩"。诡辩与逻辑是一正一反的思维形态，如同"孪生兄弟"。一般来说，当我们在思考问题的时候，想要获得正确的结论，就必须按照逻辑的要求进行思维；但在论辩的过程中，为了达到"胜辩"的目的，有时候可能会使用诡辩的手段，如上例。因此，诡辩不是完全"要不得"的，在某些特殊情况下如果使用恰当，可以成为一种论辩的语言技巧，不过在你思考问题的时候，在正确的思维过程中则不能运用诡辩，不能自己骗自己。

## 矛盾律

矛盾律（有的著作中也称为"不矛盾律"）是关于思维一贯性的规律，它要求我们：同一个思维过程中，在同一时间、同一关系上，对同一个对象不能做出不同的断定；也就是说，我们在思考问题的时候，不能同时断定一个对象具有不同的属性；或者说不能同时认为，某个对象两个具有不同意义的情况同时存在，即"不能同真"。打个比方，某个物品，张三认为是圆的，李四认为是方的，如果王五为了两边不得罪，而同时肯定了张三和李四的看法，那么，王五的思维就不具有一贯性，就违反了矛盾律。

可以用公式将矛盾律表示为：$\neg(A \wedge \bar{A})$。

矛盾律告诉我们，同一个对象的两个不同的断定——$A$ 和 $\bar{A}$，不能同真，必有一假；即不能同时肯定，必须择其一加以否定。如果同时肯定，就是逻辑矛盾。但是，在判定思维是否产生逻辑矛盾的时候，要把它和客观对象具有矛盾的两个方面这种情况区别开来，比如，同时存在于每个人思维中的理性与感性，天象中同时出现的下雨与出太阳，人的性格中同时具有的冷静与急躁，化学运动中物质的化合与分解等等，不能把这些现象理解为逻辑矛盾。

一般来说，逻辑矛盾只存在于"三同"下（即同一时间、同一关系、同一对象）的思维中。

最为人们所熟知的逻辑矛盾莫过于《韩非子·难一》所载之

"自相矛盾"：楚人有鬻盾与矛者，誉之曰："吾盾之坚，物莫能陷也。"又誉其矛曰："吾矛之利，于物莫不陷也。"或曰："以子之矛陷子之盾，何如？"其人弗能应也。众皆笑之。

法国著名文学家雨果有一段名言：世界上最宽阔的是海洋，比海洋更宽阔的是天空，比天空更宽阔的是人的心灵。我们都知道，汉语中的"最"是一个形容词，表示的是极限、极致的意思，"最宽阔"表达的就是"宽阔"的极限和极致，如果是"最宽阔"，那么就不可能还有"更宽阔"，因此，这段名句中的逻辑矛盾是显而易见的。当然，造成这个逻辑矛盾的也许并非雨果，而是翻译这句话的人。

某别墅的门铃坏了，每次客人来拜访时到了门口都要电话联系，别墅主人觉得很不方便，于是便通知物业公司来修。可是，多次通知都不见有人前来修理。几天后，主人忍无可忍便到物业公司责问，公司经理查看了相关登记，发现确实有多次报修的记录，于是便叫来维修部的师傅询问。维修师傅觉得很委屈："我去过好几次了，但总是没人在家。"主人认为维修师傅在说谎："不可能，就算我和我老婆不在，保姆总是一直在的，怎么会没有人？"维修师傅解释道："小区都有监控，你可以查一下，我们去了好多次，每次按门铃都没人来开门。""按门铃……"别墅主人闻言顿时崩溃。

正因为门铃坏了，才要求物业公司修理，而修理师傅上门时却通过按门铃来通知业主，别墅主人"崩溃"的原因，不过是维修师傅的思维出现了逻辑矛盾。

如前所述，矛盾律只要求"在同一个思维过程中，对同一时间、同一关系上,对同一个对象不能做出不同的断定"。那么,对于不同时间或不同关系上,对同一个对象就当然可以做出不同的断定。比如,看到一个人的时候,我们可以说:这是一个年轻人,五十年后他会是一个老人。这虽然是对同一个对象进行的不同断定,但是,由于是在不同时间上的断定,因此,这个思维过程中就不存在逻辑矛盾。

孟德斯鸠在《法的精神》一书中,把社会制度分为民主制度和专制制度。他认为,这两种制度本身并无好坏之分,它们都是好的,同时也都是坏的;当它们推行良政的时候,就都是好的;当它们施行恶政的时候,就都是坏的。

孟德斯鸠虽然对同一个对象(民主制度或专制制度)进行了不同的断定(好和坏),但由于他是在不同关系(良政与恶政)上进行的断定,因此,孟德斯鸠的思维并无逻辑矛盾。

当然,如果不是针对同一个对象,做出不同的断定就更不存在逻辑矛盾。如:我们拿起一张纸说:这张纸是白色的。拿起另一张纸说:这张纸是黄色的。这就不是逻辑矛盾。

有人认为,悖论是一种特殊的逻辑矛盾。[1]一般来说,逻辑矛盾是思维谬误,有的故意的逻辑矛盾甚至是诡辩。假如我们把悖论看成是逻辑矛盾,显然这种逻辑矛盾不同于谬误,也并非诡辩,而是一种非常特别的思维模型。它是通过肯定一个判断为真,而推知这个判断为假。

---

[1]《普通逻辑》(修订本)[M].上海:上海人民出版社,1987.

古希腊有一个著名的"说谎者悖论"：我正在说的这句话是假的。

这句话是真的还是假的呢？如果我们认为这句话是真的，那么它就是假的；如果我们认为这句话是假的，那么它就是真的。简单分析一下，如果这句话是真的，那么它就肯定了"是假的"为真，既然"是假的"为真，因此这句话就"是假的"；如果这句话为假，那么就可以表述为"并非这句话是假的。"如此，这句话就当然为真。诡辩有许多形式，"说谎者悖论"这种形式只是其中之一。

# 排中律

排中律是关于思维明确性的规律，排中律要求：在同一个思维过程中，在同一时间、同一关系上，对同一个对象所做出的两个相互矛盾的论断，必须做出明确的选择。即，对两相矛盾的断定，不能同时否定，必须肯定其中的一个；简单地说，两相矛盾的断定，不能同假，必有一真。

排中律可用公式表示为：$A \vee \bar{A}$。

排中律考察的是两相矛盾的论断，如果不是两相矛盾的论断，就无所谓是否违反排中律的问题。那么，什么是两相矛盾的论断呢？其实，在直言判断的对当关系中，我们已经阐述过这个问题，A判断与O判断，E判断与I判断之间的关系，就是矛盾关系；另外，主项为单独概念的直言肯定判断和直言否定判断之间的关系，也是矛盾关系。

"这张纸是红色的"和"这张纸不是红色的"。
"所有的鸟都是会飞的动物"和"有的鸟不是会飞的动物"。
"所有的金属都不是液体"和"有的金属是液体"。

这就是三组两相矛盾的论断,每一组的两个判断,不能同假,必有一真。矛盾关系不仅存在于直言判断之间,也存在于复合判断之间。如:"如果天下雨,那么地会湿"和"如果天下雨,那么地不会湿"。

古时候,有一个国王统治着一个强大的国家,他一心想成为本国历史上最伟大的国王,然而,该国衡量君主的功绩的标准是开疆拓土,因此,国王准备发动一场战争。这个国王是一个骄傲的人,他不愿意去欺负那些弱国小国,便盯上了同样强大的波斯王国。

由于波斯王国很强大,这个国王对于战争并没有必胜的把握,因此便备好礼物来到一个据说占卜十分准确的神庙祈问神灵,希望得到神的谕示。

神庙祭司无法预测战争的胜负,又必须维护神庙的声誉,于是便传达出这样一个神的谕示:这场战争必然会毁灭一个强大的王国。

国王拿到神谕喜不自胜,便果断地对波斯王国宣战,并亲率大军征伐。波斯王国迅速集结了军队以逸待劳,并利用地形伏击了这个国王的大军。国王的大军很快被击溃,国王只能通过化装才得以从战场逃脱,他的国家也因此被波斯吞并。国王无家可归,惶惶不可终日,于是给神庙写了一封信责怪祭司,并抱怨神谕不准。

不久,国王收到了回信。国王打开信,看到上面写道:神谕并无错误、非常准确,这场战争的确毁灭了一个强大的王国,这个王国就是你的国家。

根据排中律的要求,对于国王的祈问,应该在战争的"胜"和"负"之间做出明确的选择,但是,神庙祭司根本无法预知战争的结果。如果如实告诉国王"不能预测",则必然动摇信徒对"神"的信仰,在这种情况下,维护神庙神圣而崇高的地位,就成为祭司唯一的选择,这也是"这场战争必然会毁灭一个强大的王国"这个模糊神谕的由来。在这个神谕中,"强大的王国"是一个模棱两可的概念,既可能是国王的王国,也可能是波斯王国,因此,无论战争的走向怎样,神谕都是准确的。

违反排中律的要求,所犯的错误被称为"骑墙居中"或"模棱两可"[1]。

有的人是"好好先生",说话总考虑是不是会得罪人,因此,在面对两相矛盾的看法(主张)时,会支支吾吾,不敢明确支持其中任何一种看法,不敢表达自己的思维倾向性,这是违反排中律的;有的人会使用一些含混不清的语言来混淆视听,以掩盖自己的徘徊犹豫,这也是违反排中律的表现形式。

张某和李某因工作的原因产生了冲突,相互间大吵了一架,同事小王从中劝和:"大家都是同事,能够来到同一个单

---

[1] 由于排中律要求不能"两否",因此有的学者将违反排中律的错误称为"模棱两不可"。

位就是缘分,因为工作上的意见分歧影响到大家之间的关系不值得。"李某觉得小王说的有道理,同意和解。张某比较好面子,虽然心里认可小王的话,但就是不肯主动找李某沟通。在小王的劝说下,李某做东邀请了几个同事聚会,张某也应邀参加了这次聚会。而后,有人问张某是否已经和李某消除了隔阂,张某道:"既然我没有拒绝李某聚会的邀请,就说明我已经把那些使我和李某产生隔阂的东西,放在一边了。"

张某的说法就使用了含混不清的语言,他既没有说明自己已经消除了"我和李某之间的隔阂",也没有说这个"隔阂"在自己心里还没有消除,而是用"放在一边了"这种意义不明确的语言,来掩饰自己其实"愿意与李某和好,只是拉不下面子"的真实思想。

## 充足理由律

充足理由律是关于思维合理性的规律,充足理由律要求:我们任何正确的思想,都应该以真实性已经在人们实践中被证实了的其他思想为根据。[1]

> 李某是该案的重要嫌疑人。因为,通过监控视频发现,在案发时间段中,李某出现在案发现场;而只要在案发时间段出现在案发现场的人,都具有重大嫌疑。

---

[1] 苏天辅.《形式逻辑》[M].北京:中央广播电视大学出版社,1984.

例中对李某具有重大嫌疑的断定,是基于李某在案发时间段出现在案发现场,而"在案发时间段出现在现场的人,都具有重大嫌疑"是经过若干侦查实践所证明了的、真实性非常明显的论断。

逻辑教科书中,通常将充足理由律表述为:A 真,是因为 B 真,并且能够由 B 推出 A。这里的 A 就是我们的论断,B 就是真实性已经被实践所证实了的其他论断。

任何思维的结论都必须要有合理性,也称"根据性",如果我们的论断不具有根据性、合理性,那么就是"信口开河"。在与他人交流的时候,你证明某观点,或者你反驳某观点的时候,都必须要有根据,结论的得出要有合理性,论据与结论之间的联系要有必然性,这就是充足理由律的基本要求。

如果违反充足理由律,你的思维就缺乏合理性,就会犯"预期理由""推不出"和"虚假理由"等错误。

> 看她面若桃李,岂会无人勾引;年正青春,怎会冷若冰霜;与奸夫情投意合,必生比翼双飞之意;其父阻拦,因而杀其父、夺其财,此乃人之常情;此案不用问,也已明白了。

这是昆剧《十五贯》中,县官过于执的一段旁白。

过于执看着堂下跪着的苏戌娟和熊友兰,认定他们二人有奸情,并合伙杀害了苏戌娟的父亲尤葫芦,夺走了其父十五贯钱,企图连夜潜逃。过于执认定苏戌娟和熊友兰杀父夺财的理由便是上述的那一段旁白,但是在未经证实的情况下,就将这段"旁白"作为定罪的理由,显然是不充足的、自以为是的,这就是"预期理由"的错误。所谓"预期",按照字面解释便是"预先期望",仅仅期望这些理由为真,并不等于这些理由客观为真。

有的父母总是托人找关系，想方设法把自己的孩子塞进好的幼儿园或小学，他们的理由是：只有上了好小学，才能有机会上好中学，才能考上好大学，才能找到好工作，孩子今后才有出息，才能成龙成凤、光宗耀祖。其实，上好的小学与成龙成凤之间并没有必然联系，这种推理称为"多米诺骨牌推理"，犯"推不出"的错误。

有个人要给老人祝寿，便上街准备买点什么礼物，突然间看到一个年轻人拎着乌龟叫卖："卖乌龟，卖乌龟啦。千年鹤、万年龟，活一万年的乌龟便宜卖了，乌龟长寿，好兆头啊，快来买了。"此人心想：买只长寿的乌龟，图个好兆头，也算一件别致的礼物。于是便买了一只。可到第二天却发现乌龟死了，此人于是气呼呼地跑到市场，找到了那个卖乌龟的年轻人。他一把抓住年轻人道："你这个骗子，你不是说乌龟能活一万年吗？可我买到家才一晚上就死了，你必须退我钱。"年轻人哈哈大笑道："我可没有骗人，只能怪你运气太差了，你买到的那只乌龟，刚好是已经活了一万年的乌龟。"

年轻人的回答是违反充足理由律的，乌龟死之前刚好已经活了一万年，这是毫无根据的，不能作为"乌龟死亡"的根据，这种错误叫作"虚假理由"。

违反充足理由律的错误非常多，除上述三种情况外，"坊间传闻""诉诸群众""诉诸权威""诉诸名人"等等，都不是充足的理由。

充足理由律要求任何结论的获得，都必须要有充分的根据，任何论断都要有充足的理由，但是，对于真实性明显的论断来说，并不要求一定要说出其理由。比如我们说：今天很暖和。就没必要说出"暖和"的理由，这是可以通过人的身体就可以直接感受到的空气温度。再比如,有人问:今天星期几?你可以直接回答:今天是星期三,而没有必要回答说:由于昨天是星期二,而明天是星期四,所以今天是星期三。因为像"今天很暖和""今天是星期三"这样的论断,都是真实性非常明显的论断,不需要用理由来证明。需要通过充足理由来证明其为真的论断,必然都是真实性不明显的论断。

当然,真实性是否明显,是因人而异的,某些论断对有的人来说是真实性非常明显,但对其他人来说就可能是真实性不明显。比如"水是由氢元素和氧元素构成的化合物",这个论断对于学过化学的人来说,就是真实性明显的论断,但对于没有学过化学的人来说,就可能是真实性不明显的论断。

Part 4

# 第四章 证明与反驳

# 论证

在思考问题或与他人交流思想的时候，我们通常需要阐明某个观点为真，以及为什么真。或者某个观点为假，以及为什么假。这个过程就叫作"论证"。阐明某个观点为真，并列举说明其真的根据的方法称为"证明"；阐明某个观点为假，并列举说明其假的根据的方法称为"反驳"；证明和反驳都叫论证。论证实际上就是对概念、判断和推理这三种思维形式的综合应用，是为了更好地思考问题，或更好地与他人交流思想，而证明某个观点或反驳某个观点的思维表达（表述）形式。

> 古希腊哲学家、无神论者伊壁鸠鲁（前341—前270）曾有这样一段论证——我们不得不承认，上帝或者愿意扑灭世界上的邪恶，但他做不到；或者他能够做，但不愿意做；或者他既不愿意做，又做不到；最后，他既愿意做，也做得到。
> 如果上帝愿意做，却做不到，那么，上帝不是全能的；
> 如果上帝能够做，但不愿意做，那么，上帝不是全善的；
> 如果上帝既不愿意做，又做不到，那么，上帝既不是全善的，又不是全能的；
> 如果上帝既愿意做，又做得到，那么，世界上为什么还有邪恶存在呢？
> 这只能证明一个问题：上帝是不存在的。

其实，伊壁鸠鲁的论证给宗教信徒留下了一个两难的问题：要么承认上帝或不是全能、全智、全善的，要么承认上帝根本就不存在。

在这个论证中，伊壁鸠鲁要论证为真的判断是"上帝是不存在的"。他通过四个真实的假言判断，来实现这个论证的思维过程。

论证有两个目的，一是说明某个判断为真，二是说明某个判断为假；于是就形成了两种论证形式，即证明和反驳。

无论是证明或是反驳都有三个构成要素：论题、论据和论证方式。

论题是需要明确其真实性的判断，如上例中的"上帝是不存在的"。

一般来说，论题是真实性尚未明确的判断，我们往往需要通过论证来探求其真实性。

> 侵财犯罪，一般同时有受害者财物损失的情况发生。因为，作案者是以非法占有他人财物为犯罪目的，所以，在实施犯罪后，都会尽可能将受害人的所有财物据为己有，然后逃离犯罪现场，因此，侵财案件发生后，往往都伴随着受害人财物遭受损失的情况发生。

这个论证的论题是"如果是侵财犯罪，那么就会伴随受害人财物损失的情况"。对于普通人来说，这是一个真实性并不明确的判断，后面则是说明这个论题为真的理由，"是否有财物损失？"这通常是公安侦查员认定是否为侵财案件的重要根据。

特殊情况下，也有用真实性明显的判断为论题，这种论证的目的，是希望通过论证，使大家进一步确信论题的真实性。

> 学好逻辑学有助于我们进行正确的思维。因为，逻辑学是

研究思维的科学,逻辑学的方法就是正确思维的方法,逻辑思维的基本规律就是进行正确思维必须遵循的规律。如果按照逻辑方法的要求,并遵循逻辑思维的基本规律,那么我们的思维就是清晰的、合理的,要确保思维的正确性,你的思维过程就必须符合逻辑。因此,学好逻辑学有助于进行正确的思维。

"学好逻辑学有助于我们进行正确的思维"是一个真实性非常明显的判断,我们通过论证,让大家更加确信这个论题是真实的。

还有一些论题是真实性尚待探求的判断,比如一些科学假说等等。但是,我们不能把已知为假的判断作为证明的论题,只有诡辩或者蓄意欺骗,才会将事实上为假的判断,当成证明的论题;同样,我们不能把真实性已经被实践确认了的判断,作为反驳的论题。

论据是说明论题为真或为假的根据,是真实性已被人们所公认的判断。一般来说,一个论证的论题通常只有一个,而论据则可以有若干个。论据的真实性必须为人们所公认,如:已被确认的客观事实(包括历史的和现实的)、科学定义、公理以及科学原理(包括定理、定律等)。

如上例中的"因为,逻辑学是研究思维的科学,逻辑学的方法就是正确思维的方法,逻辑思维的基本规律就是进行正确思维必须遵循的规律。如果按照逻辑方法的要求,并遵循逻辑思维的基本规律,那么我们的思维就是清晰的、合理的,要确保思维的正确性,你的思维过程就必须符合逻辑",就是用以证明"学好逻辑学有助于进行正确的思维"这个论题的论据。

当我们不能为直接证明或反驳论题提供真实性明显的论据时,

就需要进行分层论证。即，第一层直接证明或反驳论题，第二层证明第一层的论据为真，第三层证明第二层的论据为真……直至最后用真实性明显的判断，证明上一层的论据是真实的判断为止。

论证方式是论题与论据之间的联系形式。论证必须通过论据的真实性，合理地推出论题为真或为假，所以，仅仅有了论题和论据还无法构成一个完整的论证，论证必须有一个从论据到论题的推演过程，论证方式就是这个推演过程的表达。无论是证明或是反驳，从论据推演出论题的过程，都是通过推理来实现的。

有时候，可能通过某个或某类比较简单的推理，就能够达到证明或反驳的目的。

比如：凡是能够帮助我们认识客观世界的方法都是应该学习并掌握的方法；逻辑方法能够帮助我们认识客观世界；所以，逻辑方法是我们应该学习并掌握的方法。

论证的论题是"逻辑方法是我们应该学习并掌握的方法"，我们以一个直言三段论为论证方式，就完成了这个论证。

有时候，可能需要若干不同种类的推理，经过非常复杂的推演，才能完成证明或反驳。因此，论证方式其实就是推理的综合应用。

在侦破某案件的时候，侦查员发现重点监控嫌疑人突然离家出走。"是不是要跑？""要不要马上抓捕？"如果马上抓捕，手中掌握的嫌疑人犯罪事实较少，可能会导致"重罪轻判"；如果不马上抓捕，嫌疑人有可能逃之夭夭。侦查员并没有因为两难局面的出现乱了方寸，而是进行了认真研判。他通过嫌疑人购买的车票发现，其目的地并非敏感地点，比如沿边城市或偏远县城。而且，嫌疑人随身携带的行李较少，现金也并不多，同时，其临走前也没有打过电话，特别是没有去看他最宠爱的女儿。据此，侦查员认为：嫌疑人在试探公安机关的反应，于是，决定暂不实施抓捕。

"暂不实施抓捕"是侦查员的论题，"如果嫌疑人要逃，那么其目的地应该是敏感地区；如果嫌疑人要逃，那么应该会携带较多的行李和现金；如果嫌疑人要逃，那么临走前应该会去看望其宠爱的女儿。嫌疑人的目的地不是敏感地区，其随身携带很少的行李和现金，临走前没有去看望其宠爱的女儿；所以，嫌疑人不是外逃。""如果不是外逃，那么就没必要马上抓捕；嫌疑人不是外逃；所以，没必要马上抓捕。""如果马上抓捕，手中掌握的嫌疑人犯罪事实较少，那么可能会导致重罪轻判；不能因为掌握的犯罪事实不足而导致重罪轻判；所以，不能马上抓捕。""如果暂不实施抓捕，那么就有时间深挖案件，查明更多的犯罪事实；为了深挖案件，查明更多的犯罪事实；所以，暂不实施抓捕。"以上是侦查员为了证明论题成立而进行的推理，即在这个论证中采用的论证方式，其中就包含了多个假言推理，甚至还包括了假言选言推理，这就是论证中推理形式的综合应用。

对于论证来说，论题就相当于推理的结论，论据就相当于前提，而论证方式就相当于推理形式。但是，论证却不等同于推理，从思维进程上来看，推理是先有前提后有结论，而论证是先有论题后找论据；从真实性方面来说，推理只追求前提和结论之间的必然性或合理性联系，并不考察前提的真实性，而论证则不仅要求论题与论据之间具有必然性和合理性联系，同时，论据还必须在客观上是真实的。换个说法，当推理的前提被要求为必须客观为真时，这个推理就已经成为论证了。

# 证明

证明就是用一个或一些真实的判断,来确定另一个判断的真实性的论证。

> 我们应当戒烟,因为,烟油和尼古丁是心脏病、气管炎、脑出血等多种疾病发生的诱因,吸烟会产生烟油和尼古丁,如果长期吸烟,烟油和尼古丁就会逐渐侵害人的身体,诱发各种疾病,因此,长期吸烟有害人的健康。有害健康的嗜好是不良嗜好,而不良嗜好是应该戒除的,抽烟有害健康是不良嗜好,所以,应当戒烟。

以上就是证明,"应当戒烟"是该证明的论题;"烟油和尼古丁是心脏病、气管炎、脑出血等多种疾病发生的诱因,吸烟会产生烟油和尼古丁,如果长期吸烟,烟油和尼古丁就会逐渐侵害人的身体,诱发各种疾病"是论据;这个论证中使用了直言三段论和假言推理等推理形式,这些推理形式就是该论证的论证方式。

证明的过程实际上就是对思维过程的表达,我们根据思维进程和证明方式的不同,分为演绎证明和归纳证明、直接证明和间接证明两大类。

1. 演绎证明和归纳证明

根据思维进程的不同,证明可分为演绎证明和归纳证明两种方式。

演绎证明是以演绎推理为论证方式的论证。由于演绎推理大多是必然推理,因此,演绎证明的论题与论据之间就具有必然联系,即如果论据为真,则必然推知论题为真。

> 逻辑应用无处不在,因为,逻辑是研究如何进行正确思维的科学,如何进行正确的思维与人的学习、生活和工作是须臾不离的,所以,对于人来说,逻辑应用无处不在。

这就是一个演绎证明,它使用的论证方式是多个直言三段论推理,其论题蕴含于论据之中,它是通过一般性的真实论据,来说明个别(特殊)的论题为真的论证。

归纳证明是以归纳推理为论证方式的论证。由于归纳推理(除完全归纳推理外)都是非必然推理,因此,归纳证明的论题与论据之间一般不具有必然联系,但存在合理联系,即如果论据为真,则论题为真的情况是合理的。

> 今年我国粮食丰产,因为,今年云、贵、川三省的粮食丰产,浙江、江苏的粮食丰产,安徽、山东的粮食丰产;所以,今年我国粮食丰产。

这就是归纳证明,它通过列举一些个别(特殊)的真实的情况,概括出一个一般性结论,这个结论就是这个证明的论题。

2. 直接证明和间接证明

根据证明的方式,可将证明分为直接证明和间接证明。

直接证明是从真实的论据，依照推理的规则，直接推演出论题的论证。[1]在这种证明中，论据与论题之间的关系，必须是推理前提与结论的关系，其论证方式可以是任何一种形式的推理；包括直接推理和间接推理，包括演绎推理和归纳推理，有时候还可以使用类比推理，甚至可以是几种不同推理形式的合并应用。

①：这段铁丝可以导电，因为，铁丝是金属，而所有的金属都是可以导电的。（直言三段论）

②小娟的学习方法是正确的，因为，小娟的成绩优异，而只有学习方法正确，才能取得优异的成绩。（假言推理）

③有的警察是党员，因为，有的党员是警察。（直言判断换位推理）

④所有的金属都有延展性，因为，铁有延展性，铜有延展性，银有延展性，铝有延展性，锡有延展性。（归纳推理）

⑤"我说一切所有号称强大的反动派统统不过是纸老虎。原因是他们脱离人民。你看，希特勒是不是纸老虎？希特勒不是被打倒了吗？我也谈到沙皇是纸老虎，中国皇帝是纸老虎，日本帝国主义是纸老虎，你看，都倒了。"[2]（直言三段论、归纳推理）

上面五例都是直接证明，通过不同形式的推理，直接推演出论题为真。

间接证明包括选言证法和反证法。选言证法是以选言推理为论

---

[1] 苏天辅.《形式逻辑》[M].北京：中央广播电视大学出版社，1984.
[2] 苏天辅.《形式逻辑》[M].北京：中央广播电视大学出版社，1984.

证方式，例举若干可能情况，并说明某些可能情况不存在的原因，从而得到某情况（论题）为真的证明方法。

> 李某是本案的嫌疑对象。因为，根据知情人反映、现场勘察（包括监控视频）、被害人与嫌疑人的关系等情况分析，我们确定了李某、朱某、夏某、王某这四个嫌疑人，根据调查了解到，朱某案发时在外地出差，没有作案时间，可以排除；被害人借夏某的钱已经还清，夏某没有作案动机，可以排除；根据监控视频，王某虽然在案发时间段到过案发现场附近，但没有进入案发现场，而且被害人与王某相互并不认识，他们之间也没有任何直接或间接的人际、经济往来，可以排除，所以，李某应该是本案的作案嫌疑人。

此例的论证方式就是选言推理的形式：
论题：李某是本案的嫌疑对象。
因为：本案的嫌疑人或是李某，或是朱某，或是夏某，或是王某。
据调查分析：本案的嫌疑人不是朱某，不是夏某，也不是王某。
结论：所以，本案的嫌疑人是李某。

此例中列举了四种可能情况，排除了其中三种情况为真的可能性，于是，可以对剩下的这一种情况进行肯定。在选择使用选言证法时，要求首先要尽量穷尽一切可能情况，至少要确保其中一种可能情况为真；其次在说明其中一些可能情况为假时，必须要有充分的依据；最后要求证明过程要符合选言推理的规则。

反证法亦称"逆证"。法国数学家阿达玛（Hadamard）对反证法做过概括："若肯定定理的假设而否定其结论，就会导致矛盾。"

具体地讲，该方法就是构建一个与原论题相互矛盾的论题，即反论题，从反论题入手，把论题结论的否定形式当作条件，使之得到与条件相矛盾并且肯定了论题的结论，从而使论题获得了证明。

　　有人说中国传统文化中没有"逻辑"，所有"逻辑学"的思想都是"舶来品"。如果中国没有"逻辑"，那么在中国的传统文化中就不应该有涉及"逻辑"的相关学说。若如此，春秋战国时期诸子百家中的"名家"是什么呢？众所周知，逻辑学是研究如何准确应用概念，并做出恰当的判断、进行正确的推理的科学，"名家"的学说称为"名学"和"辩学"，这些学问所涉及的都是关于概念、怎样表达概念，以及怎样应用概念的内容；根据逻辑理论，概念是构成判断和推理的最基本的思维形式，也就是说，判断和推理都是概念的应用，而这正是"名学"和"辩学"的基本理论，怎么能说在中国的传统文化中没有逻辑呢？因此，早在两千多年前古中国的文化中，"逻辑"就已经存在了。

这就是反证法，论题是"中国传统文化中有'逻辑'"。这个证明没有直接去证明论题为什么真，而是构建了一个反论题"中国传统文化中没有逻辑"，通过真实的论据，论证了"早在两千多年前古中国的文化中，'逻辑'就已经存在了"，证明了"中国的传统文化中没有'逻辑'"为假，那么"中国传统文化中有'逻辑'"这个论题就为真了。

# 反驳

在我们与他人交流思想、讨论问题的时候，如果对方的观点与我们的看法不一致，并且我们认为其观点不正确，那么我们就会想办法说明该观点不正确，这种说明对方观点不正确的过程就叫作反驳。简单地说，反驳就是用真实的论据为依据，或说明某论题不可能为真，或说明该论题为真的论据不真实，或证明该论题为真的论证方式不成立的思维过程。

如上所述，反驳就有三种方式，一是说明论题不可能为真；二是说明作为根据用以证明论题为真的论据不真实；三是说明用以证明论题为真的论证方式不正确。因此，就产生了"反驳论题""反驳论据"和"反驳论证方式"三种反驳的方法。

## 反驳论题

反驳论题就是用真实的论据，来确定某论题的虚假性的论证方法。

### 直接反驳法

以真实判断为依据，运用推理的方法，直接推出某论题为假的论证方法就是直接反驳法。

"概念是固定不变的。"这个说法是错误的。因为概念是反映客观对象的思维形式，而客观对象总是在不断地发展变化，同时，人们对客观对象的认识也是不断地由浅入深的，因此，用来反映客观对象的思维形式——概念，也必须随之不断地发展变化。

### 间接反驳法

通过论证另一个与被反驳论题具有矛盾关系或反对关系的论题为真，从而说明被反驳论题为假的论证方法就是间接反驳法。

"今天到菜场买什么就吃什么。"这个说法是不正确的。因为菜场卖的虽然大多是能吃的菜，但有的在菜场卖的东西不一定就是菜，比如有人在菜场买了老鼠药，难道他今天吃老鼠药吗？

"今天到菜场买什么就吃什么"隐含的意义是"所有在菜场买的东西都是能吃的东西"，这是一个 A 判断；我们通过事实证明，"有的在菜场买的东西不是能吃的东西"（比如老鼠药），这是一个 O 判断；根据直言判断的对当关系，O 判断真，则 A 判断必然假。

### 演绎反驳法

即用演绎推理的形式，推论出某论题为假的论证方法。

有一个古老的诡辩三段论——你没有丢掉的东西就是你所拥有的东西；你没有丢掉角；所以，你有角。

我们认为，这个直言三段论的结论是错误的，其错误在于大前提"你没有丢掉的东西就是你所拥有的东西"是虚假的判断，因为，只有原本就属于你的东西，你才可以丢掉。原本不属于你的东西，你是不能丢掉的。也就是说，有的东西原本就不是属于你的，这样的东西你是无法丢掉的,即有的你没有丢掉的东西不是你所拥有的东西。如果一个直言三段论的前提虚假,那么其结论就是错误的;这个诡辩三段论的(大)前提虚假;所以,这个直言三段论的结论是错误的。

论题是"这个直言三段论的结论是错误的",我们通过事实陈述说明"有的你没有丢掉的东西不是你所拥有的东西"为真,然后运用对当关系推理,先证明该诡辩三段论的大前提"你没有丢掉的东西就是你所拥有的东西"虚假;然后再运用假言推理,必然地推出"这个直言三段论的结论是错误的"这个结论。

**归纳反驳法**

归纳反驳法是用归纳推理的形式,推出某论题为假的论证方法。

"今天全国各地都出现了高温天气",这是不准确的说法,因为,今天西宁市凉风习习,日平均温度只有20℃;昆明市日平均温度只有24℃;贵阳市略高,但日平均温度也只有26.5℃;兰州市日平均温度只有27℃;青岛市虽然日照强烈,但由于海风较大,如果不在阳光下暴晒,人的体表感受到的气温也并不炎热。

这个反驳的论题是"今天全国各地都出现了高温天气",论证中运用归纳推理,通过列举多个城市气温不高的真实情况,去说明该论题为假。

## 反驳论据

反驳论据就是指出用来证明被反驳论题为真的论据为假的论证。

论据或是事实依据，或是理论依据，通常是用判断的形式来对论据进行表述，并通过一定的论证方式确定论据与论题之间的必然联系。打一个不太恰当的比方：如果论证是一幢房屋的话，那么，屋顶便是论题，屋基便是论据，房屋四周的墙便是论证方式。一般来说，论题是否成立，往往需要真实的论据为基础，如果论据虚假，则论题不能成立，因此，当证明被反驳论题的论据为假时，被反驳论题则没有建立的根基，也就失去了最基本的说服力。

既然论据是以判断的形式呈现的，那么，证明论据虚假，与证明判断为假的方法是完全相同的；同时我们知道，论题也是以判断的形式来表达的，因此，证明论据为假与证明论题为假的方法，也是完全相同的。由于反驳论题的方法在前面已有论述，所以，在这里就不再赘述了。

需要说明的是，驳倒了论据，并不等于驳倒了论题；也就是说，论据为假，并非说明论题必然为假。比如：张三可以考上北大，因为张三是优秀学生，而所有的优秀学生都能够考上北大。我们反驳这个论证的时候，指出"所有的优秀学生都能够考上北大"这个判断是假的，即论据为假，但不能由此否定"张三可以考上北大"这个论题，因此，"张三可以考上北大"这个论题可以是真实的。

虽然驳倒了论据不等于驳倒了论题，但并不能由此否定反驳论据的作用。因为论据是证明论题成立的基础，"基础不牢地动山摇"，当论据被驳倒后，论题的真实性就必然被人质疑，就不能言之成理，就不能说服他人。

## 反驳论证方式

论证方式是论题与论据之间的桥梁，是通过论据来说明论题为真的方法。论题与论据都是判断，而论证方式就是推理；一般来说，论据是推理的前提，论题是推理的结论，论证方式则是推理的形式。当然，在实际论证过程中，论证方式并非仅仅是某一种形式的推理，而往往是若干不同形式的推理的综合应用，因此，在论证过程中，为了达到说明论题为真的目的，就必须遵守相应的推理的规则。

所谓反驳论证方式，就是明确指出对方在论证过程中，所应用的某种推理违反了相应的推理规则，从而不能必然地证明论题为真。但是，驳倒了论证方式只是说明论据与论题之间没有必然联系，论题不必然为真，不能就此说明论题必然为假。因为论题的真假并不是由论据的真假和论证方式的正确与否来决定的，而是取决于客观事实，因此，我们不能简单地认为驳倒了论证方式就等于驳倒了论题。比如：李老师是优秀教师，所以，她不可能是优秀党员。"李老师不是优秀党员"是论题，"要么是优秀教师，要么是优秀党员，李老师已经被评为优秀教师"是论据，论证方式是一个选言推理。从论据我们可以看出，这是一个相容选言判断，即两个选言肢"优秀教师"和"优秀党员"可以同真，在相容选言推理中没有"肯定否定式"，即进行相容选言推理时，不能因为小前提肯定某个选言肢从而得出否定其他选言肢的结论，因此，"李老师不是优秀党员"这个结论不必然真，当然，也不能确定这个结论必然假。

不过，在论证过程中，如果论证方法被驳倒，其相应的论证显然也就失去了说服力。

无论反驳论题、反驳论据还是反驳论证方式，其目的都是为了说服他人赞同自己的主张，我们知道"拆一栋楼总比建一栋楼容易"，所以，许多时候要证明自己的观点并获得别人认同是比较困难的事，而通过反驳与自己相互矛盾或相互反对的观点，来间接说明自己观点的真实性则容易一些，这在论辩中体现得尤为明显。

## 归谬法

归谬法是一种特殊的论证方法。有的学者认为这种方法属于证明中的反证法，有的学者认为它是一种演绎反驳法的特殊形式。其实，我们不管它属于证明的方法还是反驳的方法，它都是一种论证方法，这也是作者将其独立出来专门论述的原因。

归谬法大多用于论辩。当我们在与他人论辩的时候，可以先假设对方的论题为真，然后运用推理，根据相关推理形式的推理规则，必然地推导出一个公认的荒谬的结论，从而否定对方的论题的真实性，这种论证方法就称为归谬法。

某日，伦敦一家医院来了一位流浪汉，这人左脚受伤不轻，要求住院治疗。

接待的护士问："先生，请问你住什么病房？"流浪汉叹了叹气说："我没钱，麻烦你把我安排到三等病房吧。"这家医院的三等病房是公益的免费病房，不仅医生的医治免费，护士的服务也免费,而且还规定谁接待谁负责服务。因此,这个护士很不高兴:"你就没有亲人吗?三等病房的治疗质量可不好。"流浪汉摇摇头无奈地说:"我只有一个姐姐,但她是个修女,也没有钱。"护士拉着脸讥讽道:"修女应该很有钱呀,她不是嫁给上帝了吗?"流浪汉看了看护士,高兴地点点头道:"你说得真对,那就给我安排到特等病房去,只是麻烦你把账单寄给我姐夫,由他付账好了。"

这个故事中包含着这样几个推理:

推理一:修女只要侍奉上帝,那么就是嫁给上帝;修女是侍奉上帝的;所以,修女嫁给了上帝。

推理二:嫁给上帝就有钱(上帝是万能的);修女嫁给了上帝;所以,修女有钱。

这是护士讥讽流浪汉的语言中包含的推理,这两个推理由于其前提——修女只要侍奉上帝,那么就是嫁给上帝——虚假,从而导致得出错误的结论——修女有钱。

推理三:如果我姐姐嫁给上帝,那么上帝就是我姐夫;我姐姐嫁给了上帝(护士的论断);所以,上帝是我姐夫。

推理四:如果我姐夫有钱,那么就可以帮我付账;我姐夫(上帝)有钱;所以,我姐夫可以帮我付账(麻烦你把账单寄给我姐夫)。

护士的论题是"修女嫁给了上帝,所以修女有钱",流浪汉以护士的论断为前提,并假设该论断为真进行推演,得出一个荒谬的结论——把账单寄给上帝,由上帝付账——从而达到说明护士的论题为假的目的。

有一位老先生在校园散步，突然发现两位女同学不知道为什么发生了争执，一时间吵得不可开交。老先生试图劝解，但两个女同学正在气头上，根本不听老先生说什么，只管自顾自地争吵，老先生无奈，一边摇头一边走开，并叹了口气道："唉！两个女人就等于一千只鸭子。"老先生劝解的话两个女同学没有听见，反而这句话被两人听到了，不过这俩女同学确实吵个不停，对老先生这句略带贬损的话感到心中不忿，却也无法反驳。

过了两天，老先生的夫人来学校找老先生，正好被其中一个女同学看见了，她连忙跑到老先生的办公室："呀！先生，打扰了，我不知道有五百只鸭子在您这里。"说完便一溜烟跑了，老先生一时间没弄明白这女同学说的是什么意思，看了看夫人才恍然大悟，顿时啼笑皆非。

老先生的论题是"两个女人等于一千只鸭子"，女同学假设这个论题为真，并以这个论题为前提，利用假言推理和直言三段论推理，得出"老先生的夫人是五百只鸭子"的结论，如果老先生不承认这个结论，那么老先生的论题就是假的；当然，如果老先生承认这个结论，那么老先生的夫人肯定不可能善罢甘休。

我们来看看这个女同学的推理过程。

推理一：如果两个女人等于一千只鸭子，那么一个女人就等于五百只鸭子；（老先生说）两个女人等于一千只鸭子；所以，一个女人就等于五百只鸭子。（假言推理）

推理二：一个女人等于五百只鸭子；老先生的夫人是一个女人；所以，老先生的夫人等于五百只鸭子。（直言三段论）

在各种逻辑书籍的"论证"这一章中，都会列举若干的论证规则，本书没有花大量篇幅去介绍这些规则，是基于"论证的过程实际上就是综合应用推理的过程"，如果把论证过程当成推理过程，你只需要严格遵守各种推理规则就可以了，没有必要专门了解论证的规则。

Part 5

第五章　怎样去讲道理

在前言中我们说，要"做一个懂道理也讲道理的人"。但是，应该怎样去讲道理呢？如前所述，每一个正常的、有一定文化知识的人都是懂道理的，只是在个人利益与他人或群体利益产生博弈的时候，便可能出现不讲道理的情况。为何如此呢？这是因为我们所懂的道理，与我们所讲的道理并不是一个层面的东西，我们"懂的道理"必然是"公理"，即其真实性已经被公众都认可并接受的观点、看法、做法、学说等等，可是当需要我们讲道理时，我们"讲的道理"则大多不再是"公理"，而是为了确保自己的利益的一种"需要"或"需求"。

比如，有的人讨厌某个人，或者对自己工作的单位有意见，往往就可能自觉或不自觉地，对这个人的主张或单位的要求产生抵触，并刻意（在自己的知识储备或别人、别的单位中）去寻找一些言论、类似要求以及做法，以佐证自己的观点。于是，他并不在意或有意无意地回避了这些言论、要求和做法是否符合自己所处环境的客观实际。这时，他或许认为自己在讲道理，其实，他主张的"道理"极有可能仅仅是为了舒缓自己的情绪、发泄自己的不满、维护自己的利益，而不深入探究这个"道理"是不是为他人所认可，这样的"道理"只是存在于自己思维中的"道理"，而不是"公理"，说到底还是一种个人的需要。

有的人在单位工作不顺心、个人发展不顺利，于是会产生"怀才不遇"的情绪，他一般不从自己身上去找原因，而是可能列举若干本单位存在的"问题"，作为自己之所以"怀才不遇"的理由（道理），其实他并非不懂只能"个人去适应社会，而不能让社会去适应个人"的道理，不过是因为自身的原因，有意无意地回避了这个道理，然后通过列举本单位存在的问题，作为自己"怀才不遇"的佐证。这看上去似乎是在讲道理，但是，这样的道理仍然是一种个人的需要。这样的人如果不理性地看待自身存在的问题,那么不管他到任何单位工作,都永远是"怀才不遇"队伍中的一员。

怎样才能做到"讲道理"?讲什么样的道理才会被公众所认可呢?首先,我们必须明白,只有讲的道理是"公理",是真实性已经被人们千百次实践证实了的观点、学说、理论和方法等,才是"公理",才可能被公众所接受和认同。其次,当你的主张与他人的观点产生矛盾和冲突的时候,一定要深入分析,你的主张和对方的观点哪一种更容易为其他的人(第三方)所认同,这时一定要抛开(这当然很难)个人的利益需求。

有人建议这个时候一定要进行"换位思考",其实,"换位思考"的说法是值得商榷的。我们试想,两个成长背景完全不同、教育背景完全不同、知识储备完全不同、文化程度和社会地位也可能完全不同的人,如何换到对方的位置去考虑问题?当然,浅层次的"换位思考"一般来说还是可以实现的,而深层次的"思考"却无法通过"换位"就能够实现,因此,我们不能简单地用"换位思考"去要求别人应该"讲道理"。

比如,我们要给别人讲清楚公孙龙的"白马非马"的主张时,你不能要求对方站在公孙龙的立场,或者逻辑研究者的位置来理解为什么"白马非马";当然,你也不能简单地告诉对方这个说法不正确,因为公孙龙之所以提出这个论断,它当然是有合理的理由的,否则这个论断也不可能在中国文化中存在了上千年。这时候,你只能理性地用逻辑的理论去分析"白马非马"在什么情况下是正确的论断,在什么情况下是错误的论断。简单地说,当我们在明确概念所指的客观对象的时候,"白马非马"是正确的,因为白马的外延小于马的外延,外延完全不同的两个概念,当然是两个完全不同的概念，只有外延完全相等，这两个概念才是同一个概念；这在逻辑学中叫作具有"全同关系"的两个概念，表达具有这种关系的概念的语词，在汉语言中叫作"同义词"；比如，"精神病人"和"疯子"，我们说疯子是精神病人，或者说精神病人就是疯子，这种断定就没有问题，因为，这两个概念指的是同一个（类）对象，基于此，认为"白马非马"当然是正确的。从另一方面来说，马作为属概念，它邻近的种概念按照颜色分类有白马、黑马、黄马、红马等等，白马和其他颜色的马一样，都是马中的一部分，那么所有的白马都是马，因此，"白马非马"是错误的论断。

讲道理就是"以理服人"，要达到这个目的，就需要我们随时随地理性地思考问题，而怎样理性地思考问题，就是逻辑科学要告诉我们的，所以，学习掌握逻辑理论，学会应用逻辑方法，是我们做到"讲道理"的必要条件。

一般来说，我们所讲的"道理"就相当于论证中的论题，我们讲道理的过程就相当于论证的过程，这就首先要求我们所讲的"道理"客观上必须必然为真；其次，我们用以说明该"道理"的理由就相当于论据，也必须是真实的；最后，我们所使用的方法（讲）是能够通过理由必然地推出"道理"的，这样的过程才是"讲道理"的过程，这样的道理才能说服别人，才能为公众所认同。

"前言"中所举的例子，"职工经常上班迟到、早退，每周都要请半天假，其理由是送孩子、接孩子和开家长会"，从论证的角度看，"上班迟到、早退，每周请半天假是合理的"，这是该职工的论题，"送孩子、接孩子和开家长会"是该论题的论据，无论用什么样的推理形式，由"送孩子、接孩子和开家长会"都不能必然地推出"我必须上班迟到、早退，并且每周请半天假"这个结论。所以，该职工讲的这个"道理"不是"公理"，而仅是她本人的需要。其实一句话，"讲道理"的时候，我们虽然不一定能够完全站到对方的立场，但也一定不要囿于自己的需要，而要勇于探究公众的认知，软化自己凝固的思维，只有这样，你才可能成为一个真正能够、并且愿意"讲道理"的人。

Part 6

第六章 在论辩中要学会借用逻辑的力量

好了，我们都愿意"讲道理"，可是问题也来了，我们虽然愿意讲道理，却总是"说不清"道理呀！这就是是否"会讲道理"的问题。"愿讲道理"和"会讲道理"是完全不同的两个概念，愿讲道理并不等于会讲道理，同样，会讲道理也不等同于愿讲道理。

我们来看看这样几种情况：有的人愿讲道理，也会讲道理；有的人会讲道理，但不愿讲道理；有的人愿讲道理，可不会讲道理；有的人既不愿讲道理，也不会讲道理。在此，我们不去全部分析这四种情况，在说明"应该讲道理"的前提下，着重论述"怎样讲道理"，即"会讲道理"。

其实，讲道理的过程从某种意义上来说就是一个论辩的过程。一般我们说"会讲道理"是指能够合理、灵活地运用各种推理形式去证明自己的观点或反驳他人的观点；特殊情况下，我们可能会使用个别诡辩的方法去实现这个目的。需要说明的是，我们不要简单地认为"一切诡辩都是不对的，是不能要的，更是要不得的"，不能一谈诡辩就"色变"。诡辩的确是一种逻辑谬误，大多数时候我们不主张使用诡辩的方法去进行论证，但在极端特殊的（语言）环境中，我们也可以把诡辩当成一种语言技巧，以达成论辩的目的。无论是何种推理抑或是诡辩方法，都是我们"讲道理"可以利用的"逻辑工具"，因此，在论辩中我们一定要学会借用逻辑的力量。

1. 学会规避不可以进行的讨论

在论辩的过程中，有的讨论是无法进行的，比如：①对方的知识储备不足以接受并理解你传达给他的信息，简单地说，就是对方听不懂你讲的话，即"对牛弹琴"，在这种情况下，你必须迅速终止讨论。②对方有意不接受你传达出来的信息，只是一味地纠缠于自己可能并不正确的主张，这就是常言中所说的"鸡同鸭讲"，这时，你也应当迅速终止讨论。③讨论的主题毫无意义，完全没有任何的价值，面对这种无谓的主题，你也应该终止讨论。④对方没有讨论的意愿，可能仅仅出于礼貌，甚至可能带有戏谑的意味在敷衍，那么你应该及时终止讨论。

在一次参加毕业二十年同学会的时候，坐在小王身边的女同学小娟问小王："你信教吗？"小王有点好奇："你信教？"小娟点了点头。"你信什么教？"小王问。小娟回答说："基督教，你呢？"小王摇头道："我不信教。"小娟顿时来了精神，开始劝导小王："都说没有信仰的人是没有希望、没有未来的人，基督教劝人向善，你应该信基督教。"小王笑道："基督教信奉的是什么人？"小娟道："信奉上帝呀！"小王问："信奉上帝有什么好处呢？"小娟郑重其事地道："上帝是无所不能、无所不在的呀，只要你的心够虔诚，上帝就会发现，你就会得到你想要的一切。"

小王突然想到"上帝的悖论"，于是问道："你确定上帝是无所不能的？"小娟肯定地点点头道："当然，上帝是无所不能、无所不知、无所不在的。"小王道："那好，你告诉我，上帝能不能制造一块他自己都举不动的石头？"小娟愣了好一会儿然后惊讶地说："你怎么能问这样的问题？"小王也愣了："我怎么就不能问这样的问题？"小娟严肃地道："上帝无所不知、无所不在，这样的问题是对上帝的不敬，是要受到上帝惩罚的。"小王哈哈大笑："我无所谓，惩罚就惩罚呗。你只要告诉我，这样的石头上帝到底能不能制造？"小娟郑重其事地道："当然能制造，而且造出来上帝也能举得起。"

小王圆睁双眼看着小娟，他完全没有想到这个问题竟然还能这样回答，呆了几秒钟小王回过神来对小娟道："小娟对不起，我要去趟卫生间，要不，你去找晓辉聊聊。"言罢，急急忙忙起身离去……

小王面对与小娟的讨论，采用了"走为上"的办法，显然是在有意逃避这个讨论，这种逃避不是"不能辩"，而是"无法辩"乃至"不屑辩"。这就是思维不对等的争论，开始小王还试图说服小娟，但几句话聊下来，他发觉自己与小娟的思维完全不在同一个"频道"，再辩下去也毫无意义，因此便采取"走为上"，从而规避了一场不可能有结果的讨论。

李明总是有事没事找人"打嘴仗"，但他又没什么坏心，就是喜欢"逗乐子"，虽然办公室的人都有点讨厌他这种"嗜好"，可低头不见抬头见的，也不好闹得太僵，于是大家对他总是敬而远之。

一天早上，李明走进办公室，看到大家都在忙碌，只有林茂端着碗悠闲地吃早餐。李明连忙凑了过去："林茂，吃什么呢？"林茂头也不抬地说："吃早餐。"李明笑嘻嘻地问："为什么吃早餐？""来了，"林茂知道李明准备开始寻自己开心了，便淡淡地回答道，"为什么吃早餐？饿呗！"李明继续问道："为什么饿？"林茂知道这样下去，肯定没完没了，便灵机一动道："没吃饭。""为什么没吃饭？""忙工作。""为什么忙工作？""要吃饭啊。""为什么要吃饭？"林茂狡黠地笑道："饿呗！""为什么饿？"林茂长舒了一口气道："没吃饭。"李明发现林茂的回答开启了无限循环模式，已经不是自己在"逗"林茂，而是林茂在"逗"自己，顿时便失去了继续"逗"下去的兴趣，赶紧离开林茂乖乖地干自己的事去了。

这也是一种规避不可以进行的讨论的方法。林茂知道李明的"德行"，如果总是认真地回答李明无聊至极的问题，将没完没了永远都不会有结果，估计自己会被"烦"得半死，于是设计了一个可循环的回答模式，让李明自讨没趣；而李明发现林茂的回答已经开始循环，如果再继续问下去，不仅自己无趣，恐怕别人都会把自己当傻瓜。林茂的循环回答是一种有效的规避，李明的住嘴离开，也算是明智的规避。

### 2.学会捕捉对方语言中的漏洞

论辩的时候，大多数辩者总是习惯性地抓住一切机会，希望更多地表达看法，甚至恨不得把自己掌握的所有论据以最快的速度展示出来，用尽可能多的语言来证明自己的观点；而富有智慧的辩者，却不会急于表明自己的主张，总是能够安静地、专注地听对方的陈述，并在倾听的同时注重寻找其语言的失当与漏洞，然后在风轻云淡之间予以对方"致命一击"，从而取得论辩的胜利。

发现对方语言的失当与漏洞，并不是轻而易举的事情，但对方的急于表达却给了我们这样的可能，"言多必失"就是要求辩者尽可能多地把说话的时间让给对方，以求获得"一举击溃"对方的机会。当然，我们也并非只能在对方大量的表达中，才能找到其语言的失当与漏洞，有时候只需要在寥寥几句话中，就能捕捉到对方语言的漏洞。

笔者在《侦查思维谋略》一书中提到过这样一个案例：一天晚上，某村习老汉吊在屋檐下的烟叶被盗近七十斤。第二天他在村头孔四家院子的一堆垃圾里发现了自己捆烟叶的麻绳，由于孔四一直有小偷小摸的习惯，因此习老汉便认定是孔四偷了自己的烟叶，于是揪住孔四来到了派出所。

民警了解到，习老汉捆烟叶的麻绳本来是其孙女编来跳绳的，女孩爱美，在麻绳中编了一红一蓝两条城里人卖鲜花时用来包扎的彩带，特点非常明显，所以被习老汉一眼认出。孔四狡辩说麻绳是自己早上在村里路上看到，觉得好看就捡回家来，并不知道麻绳是习老汉用来捆烟叶的，更没有偷习老汉的烟叶。

民警立即发现孔四在说谎，既然孔四认为麻绳好看并捡回了家，就不可能马上丢进垃圾堆里，但是民警却又不可能立即到孔四家里搜查，因为烟叶本身并没有明显特征，就算在孔四家里搜出烟叶，也没法证明是习老汉的。

这时，孔四为了极力洗清自己，又对民警说："警官同志，我一向老老实实，虽然人穷，但绝不会为了一点烟叶坏了名声；再说，那烟叶有差不多七十斤呢，你看我又瘦又矮，根本就扛不走。"民警认真打量了他一会儿说："的确，我也听说你还算老实，又不抽烟，不可能偷人烟叶，肯定是习老汉错怪你了，你回去吧。"孔四一听，高兴地鞠了一躬，并抬腿就走。

"等等，"民警叫住孔四，"顺便问你一下，前几天乡里发的粮食你领了没有？"孔四愣了一下说："没有呀，没人通知我乡里发粮食。"民警露出惊讶的表情说："不应该呀，这是政府救济困难群众的粮食，我们都知道你属于贫困户，怎么都应该发给你呀，可能乡里把你给漏掉了。"民警不等孔四说话就往外走，边走边说："你等一下，派出所先给你垫着，一会儿我开车去乡里拿。"不一会儿民警扛着一个口袋进来，往地上一放说:"你拿走吧,省得去乡里扛,还要办手续,挺麻烦的。"孔四高兴得连说"谢谢"并麻利地抓住袋口往肩上一背,转身就走。民警笑着说:"有七八十斤吧,你走慢点别摔了。"孔四估量了一下说:"没有八十斤,也就七十斤多一点,没事,摔不着。"民警一把将孔四揪回,冷笑说:"你既说自己又瘦又矮,扛不走七十斤烟叶,为什么七十多斤粮食却又扛得如此轻松?可见那捆烟叶你也是扛得动的。"孔四顿时张口结舌无言以对,最终抵赖不过,只好交代了自己盗窃习老汉烟叶的违法行为。

本案中,孔四的论题是"没有盗窃习老汉的烟叶",佐证这个论题的论据是自己"又瘦又矮,背不动七十斤重的东西",而民警就用事实和如下推理驳倒了孔四论辩的论据。

如果孔四扛不走七十斤重的烟叶,那么也扛不走七十多斤重的粮食;
孔四能够轻松扛走七十多斤重的粮食;
所以,孔四能够轻松扛走七十斤重的烟叶。

这是一个充分条件假言判断,大前提的后件如果为假,那么其前件必然假;事实证明大前提的后件假(孔四能够轻松扛走七十多斤重的粮食),因此,前件必然假(孔四能够轻松扛走七十斤重的烟叶)。

民警运用了归谬法,他先假设孔四的论据"我背不动七十斤重的东西"为真,然后拿来一袋同等重量(甚至稍重)的粮食,让孔四以自己的行为(孔四轻松地扛走七十多斤重的粮食)实现了"归

185

谬"。孔四之所以使民警获得归谬论证的机会，就是因为他那一句"那烟叶有差不多七十斤呢，你看我又瘦又矮，根本就扛不走"，这便是"言多必失"的具体表现，而民警正是敏锐地捕捉到了孔四语言的失当，并巧妙地迫使孔四用行为自证谎言。

**3. 学会进行有效的反诘**

在论辩的时候，我们可能会经常面对诘难，只有解决了诘难，才有可能或让对方接受我们的主张，或让对方乖乖"闭嘴"，应对诘难最恰当的方法，并不是喋喋不休地说明自己的观点如何正确，而是进行有效的反诘。

两个小学生在讨论"人是怎么来的？"甲说："人是由猿变来的。"乙说："这不可能。"甲说："就是由猿变来的。"乙问："谁告诉你的？"甲说："我翻了新发的课本，上面就有这个内容，说是一个叫达尔文的大科学家发现的。"乙没有看过课本，听到甲的话有些慌了，估计课本上真有这个内容，却又不愿认输，想了一想道："那也不对，人怎么可能是由猿变的呢，那猿是孙悟空？"甲咬定不放："我在书上看到的，人就是猿变的。你说人不是由猿变来的，那么你说，人是怎么来的？"乙不知道怎样回答甲的诘难，只能说："猿是在树上跳来跳去的，人是在地上走来走去的，根本就不一样。"甲振振有词地说："猿本来是在树上跳来跳去的，变成人以后就在地上走来走去了。"乙眼珠一转道："好，你说人是猿变的，那么你也是由猿变的啰，你难道五岁以前在树上跳来跳去，五岁以后就下地了？你回家就这么对你妈说，看你妈不打死你。"甲听乙这么一说，也有些动摇了："我还是明天问问老师再说，看书上说的对不对。"

小学生的知识储备非常有限，乙面对甲"你说人不是由猿变来的，那么你说，人是怎么来的？"这样的诘难是根本没法正面解决的，于是便以甲本人为例反问："你难道五岁以前在树上跳来跳去，五岁以后就下地了？"这可把甲难住了，由于这个论证本身就不是甲的知识储备可以支撑的，因此，乙的反问就构成了有效的反诘。

一天，有人不怀好意地问苏联诗人、剧作家马雅可夫斯基："马雅可夫斯基先生，你为什么手上戴着戒指，这对你很不合适。"马雅可夫斯基看了看那人回答道："按照你的说法，我不应该把戒指戴在手上，那应该戴在哪里，鼻子上吗？"

当时，马雅可夫斯基正在遭受宗派主义的迫害，要正面回答手上戴戒指为什么合适比较困难，如果回答不慎，还可能被敌对者抓住把柄，因此便利用了"你为什么手上戴着戒指"这句话中出现的歧义，故意强调"手上"这个概念，通过有效的反诘，成功规避了他人的有意刁难。

**4. 学会把尴尬抛给对方**

论辩的时候，我们经常会遇到各种各样的问题，有的问题简单，有的问题复杂；有的问题容易应付，有的问题可能不太好应付，甚至可能会令我们非常尴尬。在面对令人尴尬的问题时，通常只有两种方法可以选择：一是听而不闻，二是把尴尬抛给对方。听而不闻有时是好的方法，有时却会给人"怯战"之嫌；把尴尬抛给对方当然是最为理想的做法，可是这需要比较高的逻辑素养和语言能力，即需要智慧。

　　一位先生出席一个酒会，参加酒会的贵妇人和年轻小姐们浓妆艳抹，打扮得花枝招展，这位先生很快就被其中穿着紫色晚礼服的美貌小姐所吸引，他忍不住时不时看一眼这个优雅的女人，感觉非常享受。很快美貌的小姐发现了这位先生的眼神，于是端着酒杯来到这位先生面前："先生，我发现你总是在看我，这可不太礼貌哦。"这位先生站起身来，对着美貌的小姐微微弯了下腰道："美丽的小姐，看来我们有一致的想法，都被对方所吸引。""不、不，"美貌的小姐摇头说，"是你总是在看我，我可没有看你。"这位先生惊讶地问道："小姐，如果您没有经常看我，怎么就知道我总是看您呢？"

　　这位先生面对美貌小姐的询问，由于没办法做陈述式、不让人"歪想"的解释，非常尴尬，于是，他聪明地选择"如果您没有经常看我，怎么就知道我总是看您呢？"这样的问句，显然，只有多次看别人，才能发现这个人总是在看你，恰当而不失礼貌地把尴尬抛给了对方。

　　有一天，一位记者到白宫采访，看到林肯坐在一把椅子上刷鞋，记者大惊小怪地问道："总统先生，您怎么亲自给自己刷鞋？"林肯抬头看了看记者，反问道："请问记者先生，你平常亲自给谁刷鞋？"记者涨红了脸，灰溜溜地走了。

　　林肯要正面解释清楚，自己为什么要亲自刷鞋非常麻烦，同时也可能给这些专门写小道消息的记者提供素材，于是，林肯决定把尴尬留给对方，让对方无法继续纠缠。

论辩中要恰当而有效地把尴尬抛给对方，既不取决于你是否聪明，也不取决于你的脑子是否反应够快，而是取决于你的智慧，取决于你语言和逻辑知识的积累，以及对逻辑方法的应用能力。

萧伯纳应邀参加了一场音乐会。音乐会一直都在演奏当时流行的一些音乐，这些音乐都是萧伯纳不喜欢甚至反感的东西，因此，他走也不是，不走也不是，整场时间都昏昏欲睡。

身边一位贵妇发现了萧伯纳的神态，问："萧伯纳先生，你不喜欢这些音乐吗？"萧伯纳摇摇头说："很不喜欢，都是一些不好的东西。""不好的东西，怎么可能？"贵妇人大惊小怪地说，"这些都是现在最流行的音乐呀。"萧伯纳撇了撇嘴："流行的就一定是好的吗？"贵妇人肯定道："当然，不是好的东西怎么可能流行？"萧伯纳笑道："那么按照您的说法，夫人，流行性感冒也一定是好的东西啰。"贵妇人顿时张口结舌说不出话来。

萧伯纳用了一个简单的三段论推理：流行的东西就是好的东西（贵妇人语）；流行性感冒是流行的东西；所以，流行性感冒是好东西。这个推理过程，其实也是一个"归谬"的过程，他以贵妇人的断定为大前提，按照三段论的规则进行推演，得出的结论却是荒谬的，于是很轻松、有效地把尴尬抛给了贵妇人，而不需要挖空心思去证明，为什么流行的东西不一定就是好的东西。

### 5. 学会恰当地使用一些诡辩

论辩中必须要保证论题的真实和论证方式的正确。然而，为达到论辩目的,辩者偶尔也会适当使用一些诡辩。必要时合理地运用诡辩术,一方面也许能帮助我们摆脱可能面临的窘境,另一方面则可能成为论辩战场上的"奇兵"。

  需要说明的是,诡辩术的应用必须慎之又慎,它毕竟是违反逻辑的,是一种逻辑谬误,一旦被你的论辩对手抓住,则可能导致你的整场论辩"全线崩溃"。一般来说,诡辩虽然是一种逻辑谬误,但如果用得巧妙、不被发现,就会成为论辩技巧。在进行论辩的时候,论辩谬误与论辩技巧总是相伴同行的,而谬误、诡辩和技巧也是你中有我、我中有你。简单地说,诡辩术用好了,就是论辩技巧,就是在论辩战场上"攻城拔寨"的利器;若用得不好,就会被对方抓住穷追猛打,就会成为导致论辩大堤溃决的"蚁穴"。因此,研究并掌握论辩技巧、深入认识逻辑谬误,将有助于我们证明自己的主张,并有力地反驳他人的错误观点。

  一天,乔治到商店买裤子,他指着一件上衣说:"小姐,请你把这件上衣给我看看。"店员将上衣给了乔治,乔治拿过上衣试穿了一下问:"请问这件上衣多少钱?"店员回答:"8美元。"乔治又指着一条裤子问道:"这条裤子呢?"店员答道:"也是8美元。"乔治道:"麻烦你把裤子给我。"店员连忙取了裤子给乔治。乔治接过裤子,同时把上衣还给了店员,然后拿着裤子就走。店员忙道:"先生,您还没有付钱呢!"乔治问:"多少钱?""8美元呀。"店员答道。乔治又问:"上衣呢,多少钱?"店员回答:"也是8美元。""这不就对了?"乔治道,"我是用价值8美元的上衣,换的这条价值8美元的裤子,为什么还要付钱呢?"店员忙道:"先生,可是你并没有付上衣的钱呀。"乔治笑道:"上衣不是在你手上吗?我又没有要上衣，为什么要付上衣的钱？"店员顿时愣住了，一时间不知道怎样反驳乔治的话，只能眼睁睁地看着乔治拿着裤子扬长而去。

乔治在这里玩弄了一个"偷换概念"的诡辩，他用"8 美元"的概念，偷换了"两个 8 美元"的概念。裤子、上衣各 8 美元就是两个 8 美元，如果乔治都买，就必须付"两个 8 美元"，也就是说，店员先后给了乔治（价值）"两个 8 美元"（的上衣和裤子），乔治将上衣还给了店员，也就是还了（也可以理解为付了）一个 8 美元，因此，乔治还差店员 8 美元。

我们学习掌握了逻辑知识，就不会被乔治这样的诡辩所迷惑，就能够清楚明白地识别这种谬误。这种诡辩是骗术，不是论辩的技巧。

笔者在《基本演绎法》中讲了这样一个故事：

一位穷人站在一个卖烤肉的摊子前，贪婪地闻着烤肉的香味。许久，穷人摸了摸自己空空如也的衣袋，叹了口气准备离开。

"等等，"烤肉摊老板叫住穷人，"你闻了这么久就这样走啦？"穷人一头雾水："你要干什么？"烤肉摊老板道："付钱。我也不要你多的，付二十块钱，你走人。"穷人不服："我又没有吃你的东西，闻一下烤肉的香味就要付钱？"烤肉摊老板道："我烤了多少串肉才出来这么多香味，买肉不要钱呀？"于是两人争执起来。

围观的人都为穷人抱不平，纷纷指责烤肉摊老板欺人太甚。烤肉摊老板振振有词地对指责他的人道："看过电影没？

电影里面吃的、喝的你也没有尝一口,电影里面的美女你也不认识,里面的高楼大厦你也没住过,你也就看看,但不付钱、不买电影票能看吗?"话音刚落,人群中走出来一位中年人对老板道:"你说的非常有道理,但是,你看他就是一个穷人,哪有钱给你,我能不能替他付钱?"烤肉摊老板高兴地说:"看看、看看,这世上还是有明事理的人。这位大哥,你这么好心,我也不能小气不是,如果你帮他付钱,我减半,十块钱就可以了。"中年人一竖拇指道:"好,大气。"说着从钱夹里抽出一张十元钞票在老板眼前晃了晃:"这是不是十块钱,看清楚了没?"烤肉摊老板道:"是十块,看清楚了。""你确定?""没问题,确定!"于是中年人把钱放回钱夹,对穷人说:"现在你可以走了。"烤肉摊老板急了:"喂,大哥,钱没给我呀。"中年人笑道:"他闻到了你烤肉的香味,你也看到了钱,两清了,这不是很公平吗?"围观的人群中爆发出一片掌声。

中年人的论辩方法叫作"相杀法",也称为"绝对公平原则",严格说起来,"相杀法"其实也是一种诡辩术,只不过在这个故事中,烤肉摊老板首先使用了诡辩,"你闻到了肉香,所以你要付钱",因此,中年人便用"看到"对"闻到"的公平原则,提出了"你看到了钱,所以我已经付了钱"堵住了贪婪的烤肉摊老板的嘴,这时的"相杀法"就是论辩技巧。

某学生在考试时作弊被发现,老师当场收了他的考卷,并要将其赶出考场。这个学生非常不忿,对老师嚷道:"全国这么多学校,考试作弊的学生很多,为什么你只抓我,不去抓其他人，当真我好欺负不是？"

　　这个学生用的也是"相杀法"，不过这样使用"相杀法"显然不可能是论辩技巧，而是无理取闹。

　　论辩的技巧非常多，但它需要我们通过学习来获得。认真地学一点逻辑，你会发现与别人的沟通更加容易，思考问题的时候头脑会更加清晰，说话的时候语言会更加流畅，写文章的时候条理性会更加清楚。了解了逻辑理论，掌握了逻辑方法，你如果"愿讲道理"，那么你将具有"会讲道理"的能力，在这个前提下，你讲的道理就是必然的结论，就可能是"公理"，就容易为他人所接受、所认同，你就会成为一个既"懂道理"也"讲道理"的人。